U0248122

全球特许金融科技师资格证书（CFtP）系列教程

Python基础、数据分析与网络基础

全球特许金融科技师资格证书（CFtP）系列教程编委 ◎ 编著

图书在版编目(CIP)数据

Python 基础、数据分析与网络基础 / 全球特许金融科技师资格证书
(CFtP)系列教程编委编著 . 一上海：上海财经大学出版社,2024.9
全球特许金融科技师资格证书(CFtP)系列教程
ISBN 978-7-5642-4247-3/F・4247

Ⅰ.①P…　Ⅱ.①全…　Ⅲ.①软件工具-程序设计-资格考试-教材
Ⅳ.①TP311.561

中国国家版本馆 CIP 数据核字(2023)第 169284 号

　□ 责任编辑　刘　兵
　□ 封面设计　贺加贝

Python 基础、数据分析与网络基础

全球特许金融科技师资格证书(CFtP)系列教程编委　编著

上海财经大学出版社出版发行
(上海市中山北一路 369 号　邮编 200083)
网　　址:http://www.sufep.com
电子邮箱:webmaster @ sufep.com
全国新华书店经销
上海新文印刷厂有限公司印刷装订
2024 年 9 月第 1 版　2024 年 9 月第 1 次印刷

787mm×1092mm　1/16　12.25 印张　314 千字
定价:55.00 元

全球特许金融科技师资格证书（CFtP）系列教程编委会

前　言

　　本书为CFtP资格认证提供了重要基础,它涵盖了金融和金融科技领域专业人士所需要掌握的重要技术概念。人工智能、大数据和数据科学等技术已应用于金融的各个领域,对金融科技相关技能和知识的需求日益增长。现在是金融专业人士了解这些技术以及数据结构和计算机网络等学科基础知识的时候了。这将使金融专业人士更好地了解如何挖掘应用新兴技术解决金融业问题的潜力。这些知识对任何想对金融科技有深入了解的人都会是很有用的。

　　本书涉及金融科技中科技部分的主要概念和理论,包括四个部分。第一部分是数据结构和 Python 程序设计、算法,包括 Python 编程的基础知识以及数据结构和算法的基础知识。第二部分介绍了大数据和数据科学,包括它们的体系结构、应用以及两者比较。它是数据管理的第一个模块。第三部分是数据管理的第二个模块——人工智能和机器学习,介绍了人工智能的发展和概念以及在机器学习和深度学习中常用的算法。最后一部分包括计算机网络和网络安全。

目　录

第三部分　数据管理2:人工智能与机器学习

第四部分 计算机网络和网络安全

1

第一部分

数据结构、算法和Python程序设计

第1章　Python 程序设计基础

1.1　概　要

1.1.1　从基础开始

20 世纪 80 年代末和 90 年代初,由吉多·范罗苏姆(Guido van Rossum)在荷兰国家数学和计算机科学研究所开发的 Python 已经更新到 Python 3 版本。今天,Python 所有主流重要的库都运行在 Python 3 上。世界上最杰出的 Python 程序员也在用 Python 3 编程。Python 已经被广泛应用于搜索引擎、引力波分析等众多领域中。[①]

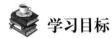 **学习目标**

理解 Python 的主要特征和被广泛应用的原因。

学习使用集成开发环境(IDE)。

学习简单的编程语句,理解 Python 可以做什么。

 主要内容

要　点

● Python 是一种解释型、交互式、对面向对象和初学者友好的语言。

● 由解释器执行的 Python 程序可以以交互模式或脚本模式编写。

重点名词

● Python 解释器:读取并且执行用 Python 语言表示的命令的程序。

● 集成开发环境 (IDE):提供开发环境的应用程序,通常包括代码编辑器、编译器、调试器和图形用户界面等工具。

1. Python 特征

Python 的几大特征使其受到全世界用户的欢迎。

---

① 　Song Tian, Huang Tianyu, Li Xin, Python Programming, July 14, 2020, retrieved from Beijing Institute of Technology: https://www. icourse163. org/learn/BIT - 268001? tid = 1460270441 #/learn/content? type = detail&id = 1236349063&cid=1256098128&replay=true.

易解释：用户在执行 Python 之前不需要编译他们的程序。

直观：与其他编程语言相比，Python 代码定义更清晰、可读性更强。

可延展性：用户可以向解释器添加低级模块。

可扩展性：Python 解释器可以很容易地通过 C 或 C++实现新函数和数据类型的扩展，并且很容易地与 C、C++、COM、ActiveX、CORBA 和 JAVA 集成。

面向对象：Python 支持面向对象的形式以及将代码封装在对象中的编程技术。

对初学者友好：初学者级别的程序员发现 Python 相对友好，它支持广泛的应用程序开发，从简单的文本处理到浏览器再到一些复杂的游戏。

2. Python 应用

近年来，金融行业发生了很多变化。金融科技是最重要的趋势之一，它融合了大数据、区块链和人工智能等新兴科技。金融科技市场开发的产品需要高安全性和功能性，这意味着金融科技从业者需要适当的工具来实现他们的目标。该技术工具需要具备以下特性：面向快速发展、不断变化的市场；适合金融大数据处理和分析；交互操作和测试过程具有便捷性。幸运的是，Python 能够满足这些需求，使其成为金融工作者的首选技术工具。

Python 的一个特征是它可以帮助金融工作者数字化他们的工作。Python 丰富的内置数据类型使分析人员和程序员能够更多地关注他们需要解决的问题，而不必花费太多时间在设置低级结构上。金融从业者可以使用 Python 简化和加速他们的分析过程，在金融分析中获得更可靠和多样化的分析结果。Python 在金融分析领域应用广泛，包括期权定价、交易策略、风险价值测量、债券市场和股票市场的投资评估等。过去，财务数据分析需要数周甚至数月的数据收集、计算并把结果以可视化方式展现出来。然而，使用 Python 后，这些都可以用几行代码完成。此外，与 C++等其他语言相比，Python 具有较低的学习成本、较高的开发效率和较低的建模难度。所以，Python 非常适合金融工作者的需求。

Python 的另一个特征是它丰富的第三方库和 API 接口。这个可扩展的特性使它很好地结合了新技术。Python 中的 TensorFlow 和 PyTorch 库可以搭建一个好的训练框架，这对于人工智能来说是必要的。在大数据处理和分析中，Python 有 Pandas 和 Matplotlib 库来实现对数据的预处理和可视化。在数学计算中，Python 中的 NumPy 和 SciPy 库可以运用先进的数字运算和建模方法来解决复杂的金融问题。Python 目前有成千上万的第三方库，几乎涵盖了金融领域的所有需求。此外，Python 可以与几乎所有其他的技术集成，而不必担心底层技术能否实现，从而使得用户更多地关注分析领域。因此，与 MATLAB、C++等其他语言相比，Python 可以显著加快研究的自动化程度，利用第三方库提供的丰富工具来完成几乎所有其他语言的功能。使用 Python，分析师可以快速做出反应，几乎实时地提供有价值的见解，并确保他们比竞争对手领先一步。这种效率的提高可以很容易地转化为可衡量的金融成果。

3. Python 解释器

Python 解释器是读取和执行用 Python 语言编写的指令的程序。由解释器运行的 Python 程序可以用交互模式或脚本模式编写。在交互模式下，用户可以执行一行代码并立即获得结果。在脚本模式下，用户可以在源文件中编写一批语句，并通过一次性执行产生最终结果。

对于交互式模式，用户首先需要在 Mac 或 Linux 操作系统中查找并运行名为 Terminal

的计算机命令行界面,或者在 Windons 系统中查找并运行 DOS 提示符。用户可以在页面中出现的命令行下输入代码。安装 Python 后,用户可以通过输入"Python"来访问 Python Shell。">>>"表示 Shell 已经准备好执行命令并向解释器发送命令。要执行代码,用户可以输入命令并按下回车键。[①] 另一个既可以使用交互模式又可以使用脚本模式的流行软件是 Jupyter Notebook。

用户可以在 Python 中使用数学运算符进行简单的计算。下面的例子可以在交互模式下用给定的半径计算圆的面积。

```
>>>r=25
>>>area=3.1415*r*r
>>>print(area)
1963.4375000000002
>>>print("{:.2f}".format(area))
1963.44
```

我们可以将这些语句以脚本模式写入 Python 文件,将其保存为 CalCircle. py 并运行。

```
r=25
area=3.1415*r*r
print(area)
print("{:.2f}".format(area))


========================= D:/CalCircle.py =========================
1963.4375000000002
1963.44
```

此外,在将来使用 Python 时,你可能会遇到一些集成开发环境(IDE)。IDE 是提供开发环境的应用程序,通常包括代码编辑器、编译器、调试器和图形用户界面等工具。它集成了代码编写、分析、编译、调试和其他集成开发软件服务集。有许多著名的 Python IDE,如 Py-Charm、Eclipse with PyDev、Sublime Text。

4. 语句

Python 的语法在语句结构方面是特定的。在大多数情况下,语句写在文本文件的一行中。然而,当我们希望将单个语句拆分到多行时也可以按以下方法操作:

在行尾使用反斜杠"\",这样你可以在接下来的行中继续执行语句。

在成对的括号中(包含在函数调用或方法调用中),Python 解释器可以跨行识别内容,直到括号结束,即使不使用反斜杠。

在复合语句中,解释器从下一行开始解析语句块,并以下一个空行或第一个缩进级别比代码块短的语句结束。在这种情况下,必须识别头(后跟冒号)和由缩进标记的语句块。缩进由空格或制表符组成,通常是四个空格或一个制表符。下面的例子显示了一个跨行复合语句。

---

① Samuel N(2020),Python Programming in Interactive vs Script Mode,https://stackabuse. com/python-programming-in-interactive-vs-script-mode/.

```
while a>2:
    year += a
    a += 1
```

在 Python 的集成开发环境中,我们可以通过在语句前添加"#"或者使用三对双引号
("""")给代码添加注释(这一部分将不会与命令行一起被执行)。

5. 标准输出与输入

内置函数 input([prompt]),其中参数 prompt 用于提示用户输入。在 Python 3 中,in-
put()函数接受一个标准输入,并返回一个字符串。

```
>>>s = input("Now, please input a string: ")
Now, please input a string: "hello world"
>>>print(s)
hello world
```

print()函数可以向终端显示信息。我们发现 print()函数只能输出之前案例中的字符
串。然而,Python 可以隐式地将任何内置类型转换为字符串并显示成标准结果。在下面的
例子中,存储在 gap 中的整数值被转换为字符串并输出结果。

```
age1, age2= map(int,input("Please key in the ages of two people :").split())
gap=age1-age2
print("Your age gap is: ")
print(gap)
=========================== D:/AgeGap.py ===========================
Please key in the ages of two people (separated by space):20 14
Your age gap is:
6
```

为了改进代码,我们可以在 print()函数中使用多个参数并用逗号分隔,或者在参数列
表中加入一个关键字参数 end:print("Your age gap is",gap),从而将结果输出到同一行。

此外,一些转义序列经常用于代码中插入一些空格(如"\t"用于插入一个制表符)或开
始新的一行(如"\n"用于开始新的一行)。为了输出特定字符的原始符号,我们可以在它前
面添加一个反斜杠。

```
>>> print("Here is a double quotation mark(\")")
Here is a double quotation mark(")
```

转义序列也有一些固定的组合来编码新行、制表符甚至引号字符。表 1.1 显示了一些
引用字符及其含义。

表 1.1   引用字符及其含义

引用字符	描　　述
\	反斜杠
\n	新的一行
\"	双引号
\'	单引号
\t	水平制表

此外,Python 使用 C-style 字符串格式来创建新的格式化字符串。"%"运算符用于格式化 "Tuple"(固定大小的列表)中的变量,包含普通文本、"argument specifiers"(参数说明符),以及 "%s" 和 "%d" 等特殊符号的格式字符串。例如,在代码%- 10.2s 中,[flag]'-'表示"左对齐";[width]'10'表示整个输出的长度为 10;[. precision]意味着输出中只显示 2 个字符;s 表示输出的类型是字符串。

```
>>> print('%-10.2s' % ('fintech_intro'))
fi
```

表 1.2 总结了一些常见的代码和相应的变量类型。

表 1.2   常见代码及其对应变量

代　　码	描　　述
%s	字符串
%d	整数
%i	浮点数
%o	八进制
%x	十六进制
%e	以科学记数法显示
%f	显示浮点数

1.1.2　变量

在 Python 中,所有数据都存储在对象中,我们必须掌握一些在对象创建后访问它们的方法。变量便是用于此目的。变量是将名称与对象关联起来的存储位置。

 学习目标

理解变量的本质和意义,掌握如何给变量赋值和多重赋值。
学习七种标准数据类型。

 **主要内容**

要　点

● 变量是一个存储位置,让我们能够在对象创建后访问它。

● 当分配变量时,等式右侧是要存储在左侧变量中的值,将新值指定给同一变量将替换旧值。

重点名词

● 变量(Variable):将名称与对象相关联的存储位置。

● 可更改对象(Mutable):其值可以更改的对象被称作可更改对象。

标准数据类型如下:

(1)整型(Integer)。Python 中的整型与数学中的整型是一致的。整数可以是正的,也可以是负的,并且没有取值范围的限制。它有四种表示方法,其中十进制是最常用的,比如 1 000 和－99。二进制表示以 0b 或 0B 开头,例如 0b011 和－0B1010,而八进制表示以 0o 或 0O 开头,十六进制表示以 0x 或 0X 开头。

(2)浮点型(Floating Point)。浮点数是指有小数点的数。虽然在常规计算中容易被忽略,但它的取值范围和小数精度还是有限制的(取值范围为 $10^{-308} \sim 10^{308}$,精度为 10^{-16})。此外,浮点数之间的计算会出现不确定尾数,这是许多编程语言中普遍存在的问题。我们可以使用 round() 函数在简单的情况下处理不确定尾数。

```
print(0.1+0.2)
print(round(0.1+0.2,2))
========================= D:/Floating.py =========================
0.30000000000000004
0.3
```

(3)布尔值(Boolean)。布尔值是最基本的数据类型。它是二进制计算机世界的体现,所有值的体现都是 0 和 1。Python 中的布尔类型只有两个值:True 和 False(首字母大写,与 C++ 和 JavaScript 中使用的小写字母不同)。函数 bool() 可以将整数和浮点数转换为布尔类型。整数、浮点数或复数如果设置为 0,则将返回 False;如果设置为任何其他正数或负数,则将返回 True。布尔运算是逻辑运算,在编写代码时非常有用,比如在需要满足某些条件时使用 while 循环。下面的例子展示了如何使用布尔值来确定一个值是否在序列中。

```
>>> a=(1,2,3,4)
>>> 3 in a
True
>>> b=[5,6,7,8]
>>> 3 in b
False
```

布尔值也可以通过逻辑运算符如 AND、OR 和 NOT 进行计算。这种语句对元组（如 a）和列表（如 b）都适用。

```
>>> a=(1,2,3,4)
>>> 1 not in a
False
>>> b=[5,6,7,8]
>>> 5 and 6 in b
True
```

（4）字符串（String）。字符串是在引号中包含零或多个字符的有序字符序列，可以使用标准的"[]"语法访问字符串中的字符。Python 使用从零开始的索引（Zero-Based Indexing），所以如果 s 代表"hello"字符串，s[1]就是'e'。字符串中的字符可以向前（从 0 到 n）排序，也可以向后（从 - n - 1 到 - 1)排序。这意味着第一个字符的索引可以是 0 或 - n - 1。根据这些顺序，我们可以使用[M]和[M：N]实现索引或切片，分别获取单个字符或一个子字符串，也可以将字符串存储在一个变量 a = "Please say your name："中，并且 a[0]和 a[0：6]（或 a[：6]）将执行与以下代码相同的操作。

```
>>> "Please say your name:"[0]
'P'
>>> "Please say your name:"[0:6]
'Please'
```

此外，Python 中有一些处理字符串的函数，如表 1.3 所示。

表 1.3　　　　　　　　　　　　　　函数及其描述

函　　数	描　　述
len(x)	输出字符串 x 的长度
str(x)	生成任何类型 x 对应的字符串
hex(x) or oct(x)	生成整型 x 的十六进制或八进制字符串
chr(u)	返回 Unicode u 对应的字符
ord(x)	返回与字符 x 对应的 Unicode

（5）列表（List）。另一个内置集合类型列表，用来存储混合类型的有序序列。列表由方括号和逗号分隔的序列组成。利用它的序列，用户既可以获取单个元素，也可以使用上述提及的索引或切片搜索列表中的元素。下面的示例展示了一些函数，如 index()、append()和 pop()，它们可以与列表一起用作输入。

```
>>> agelist=[10,24,33,7,52,12,48]
>>> agelist[2]
33
>>> agelist[-2]
12
>>> agelist.index(33) # Returns the index of where the parameter first appeared
2
>>> agelist.append(23) # Add the parameter at the end of the list
>>>agelist
[10,24,33,7,52,12,48,23]
>>>b = agelist.pop() #Remove the last element of the list and return the removed
element
>>>agelist
[10,24,33,7,52,12,48]
>>>b
23
```

索引和切片经常用于列表和字符串。其完整的符号是[开始值：停止值：步数]。如果没有列出开始值、停止值或步数，则将使用它们的默认值，分别为 0、n 和 1。下面的例子展示了如何使用索引。

```
>>> agelist[0:3]  # Equivalent of agelist[:3]
[10,24,33,7]
>>> agelist[5:]
[12,48]
>>> agelist[:2]
[10,24,33]
>>> agelist[:-2]
[10,24,33,7,52,12]
>>> agelist[:-2:2]
[10,33,52]
```

表 1.4 展示了一些经常使用的函数与方法。

表 1.4   经常使用的函数与方法

方程或方法	描　　述
len(list)	返回元素个数
max(list)	返回列表中的最大值
min(list)	返回列表中的最小值
list. append(obj)	将对象添加到列表末尾
list. count(obj)	统计列表中某个元素出现的次数
list. insert(index,obj)	将对象插入列表中

方程或方法	描　述
list. pop([index＝－1])	从列表中移除一个元素(默认为最后一个元素)
list. remove(obj)	删除列表中第一个出现的对象
list. reverse()	反转列表中的元素

(6)元组(Tuple)。通常,字符串、列表和元组是 Python 中的三种内置序列类型,其中元组和字符串是不可变的,列表是可变的。如果序列是可变的,则意味着用户可以在创建序列后更改它的值。元组与列表非常相似,除了元组是不可变的这一点。元组是使用一对括号创建的。许多用于列表的运算符也可以用于元组。

获取元组中的元素的方式与列表相同。用户可以使用函数 list(tuple)将元组转换为列表。元组还可以执行其他一些操作,如下所示:

```
>>> len((1,2,3))
3
>>>(1,2,3,4) + (5,6,7,8)
(1,2,3,4,5,6,7,8)
>>>(1,2) * 5
(1,2,1,2,1,2,1,2,1,2)
>>>3 in (1,2)
False
```

(7)字典(Dictionary)。字典是 Python 中的内置类型,它存储了一组键和值之间的映射关系。字典中的键(key)可以是任何不可变的类型,值可以是任何类型。因此,一个字典可以存储几种不同类型的值。用户可以对字典执行五种操作,即定义、修改、查看、查找和删除字典中的键值对。在下面的例子中,冒号前面的是键,冒号后面的是值,所以'name'和'color'是键而'rose'和'red'是值。

```
>>> d1={'name':'rose',
        'color':'red'}
>>> d1['name']
'rose'
>>> d1['name']='lily'  # To change the value of a key
>>> d1
{'name': 'lily', 'color': 'red'}

>>> d1['year']=1.5  # To add a new key-value pair
>>> d1
{'name': 'lily', 'color': 'red', 'year': 1.5}

>>> del d1['color']  # To delete the key-value pair
>>> d1
{'name': 'lily', 'year': 1.5}

>>> d1.keys()  # To see all the keys in the dictionary d1
dict_keys(['name', 'year'])
>>> d1.items()  # To see all the keys and values in d1
dict_items([('name', 'lily'), ('year', 1.5)])
```

相同的键不可以在 Python 中出现两次。如果相同的键被赋值了两次,则后一次被赋的值将被存储。

```
>>>dict = {'Name' : 'Nancy' , 'Age' : 18 , 'Name' : 'Tom'}
>>>dict['Name']
Tom
```

表 1.5 总结了 Python 中字典的内置方法。

表 1.5　　　　　　　　　　　　　　　　**Python 字典的内置方法**

方　法	描　述
dict. clear()	清除字典中的所有元素
dict. has_key(key)	如果键的值在字典中则返回真值,否则返回假值
dict. items()	以列表返回可遍历的(键、值)元组和数组
dict. keys()	返回字典中键的列表
dict. values()	返回字典中值的列表
dict. pop(key[,default])	删除字典中键对应的值,并返回已删除的值
dict. popitem()	返回并删除字典中最后一对键和值

（8）赋值（Assignment）。变量本身没有类型,可以存储对任何类型对象的引用。只需通过使用变量的方法就可以创建变量。也就是说,Python 变量是动态的、无类型的,是对对象

的引用。如果使用等号"="，则对右边结果值的引用将存储在左边的变量中。当一个新的引用被赋值给一个现有的变量时，旧的引用将被替换。请注意，在 if 语句中，我们需要使用双等号"＝＝"来查看变量或元素是否等于某个值，而不是使用单等号（因为后者用于赋值）。

```
>>>a=70
>>>b=40
>>>c=a+b
>>>print(c)
110
```

此外，Python 允许多重赋值，用户可以使用列表中的值在一行代码中为多个变量赋值。下面的例子展示了如何一次将值赋给多个变量。

```
>>>names=['Jack','Peter','Leslie']
>>>a, b, c=names
>>>print(a, b, c)
Jack Peter Leslie
```

1.2　Python 程序设计

1.2.1　运算符

解释器可以充当一个简单的计算器，用户可以在其中键入表达式并获得计算值。Python 中的运算符主要包括算术运算符、关系（比较）运算符、逻辑运算符、赋值运算符和标识运算符。

 学习目标

理解每种运算符的意义，并且通过这些运算符执行简单计算。

学习如何使用表达式、运算符和语句进行简单运算。

 主要内容

要　点

● Python 中的运算符主要包括算术运算符、关系（比较）运算符、逻辑运算符、赋值运算符和标识运算符。

● 当使用不同的运算符执行关联运算时，有一个预定义的顺序，即运算符优先级，它能告诉解释器哪个运算符将优先执行。

重点名词

● 运算符（Operator）：一种用于对变量和值进行运算的符号。

● 逻辑（布尔）运算符（Logical Boolean Operators）：应用于布尔值的运算符。

1. 算术运算符

用户可以在解释器中输入表达式来执行常见的数学运算。表 1.6 显示了基本的算术运算符。

表 1.6　　　　　　　　　　　　　　　　　基本算术运算符

运算符	名　称
+	加
−	减
*	乘
/	除
%	取余
**	取幂
//	向下取整

下面的例子显示了如何在 Python 中使用算术运算符。

```
>>> 6*4-2+5
27
>>> 13/4;13//4;13%4
3.25
3
1
>>>2**6
64
```

应该注意这三种除法运算之间的区别——除法"/"总是返回浮点数,向下取整"//"是返回商的整数部分,而取模运算符"%"是返回余数。

此外,还需要注意 Python 中三种不同的数字类型:整数、浮点数和复数。Python 支持混合算术——这意味着当运算对象为不同的数字类型时,可以执行数学运算。"较窄"类型的运算数被扩展为另一个类型的运算数,整数是最窄的类型,复数是最宽的类型。[①] 下面的例子演示了这种混合算法。

```
>>> 33-5.0
28.0
```

2. 赋值运算符

除基本赋值运算符"="外,我们还可以通过结合使用赋值运算符和大多数算术运算符来修改变量。表 1.7 展示了组合运算符的一些示例。

---

① Built-in Types—Python 3.8.6rc1 documentation,Sep14,2020,accessed from https://docs.python.org/3/library/stdtypes.html#numeric-types-int-float-complex.

表 1.7　　　　　　　　　　　　　　　　　　　　运算符

运算符	示　例	意　义
＝	x＝1	x＝1
＋＝	x＋＝1	x＝x＋1
－＝	x－＝2	x＝x－2
＊＝	x＊＝5	x＝x＊5

与普通的赋值语句相比,这些赋值运算符使代码看起来更紧凑、可读性更强,这是 Python 的关键优势之一。

3. 关系(比较)运算符

关系(比较)运算符返回 True 或 False。两侧的操作数都必须是可以与关系运算符比较的类型。Python 在对不符合逻辑的类型进行比较时可能会出现错误,因此最好彻底测试条件表达式并检查所比较的值。表 1.8 列出了 Python 中使用的关系运算符。

表 1.8　　　　　　　　　　　　　　　　　　　　关系运算符

运算符	名　称
＝＝	等于
！＝	不等于
＞	大于
＜	小于
＞＝	大于等于
＜＝	小于等于

以下展示了关系运算符最简单运用形式。

```
>>> x=1
>>> y=3
>>> x!=y
True
```

4. 逻辑(布尔)运算符

逻辑(布尔)运算符应用于布尔值。使用逻辑运算符,用户可以组合多个布尔表达式,以执行更复杂的逻辑表达式(见表 1.9)。

表 1.9　　　　　　　　　　　　　　　　　　布尔运算符及其描述

运算符	描　述
and	如果两个语句都为真,则返回 True
or	如果两个语句中的任何一个为真,则返回 True
not	结果的反面,如果结果是 Ture,则返回 False

逻辑运算符在条件语句中应用非常方便,经常用于循环中。下列显示了一个简单的逻辑运算符。

```
>>> x=6
>>> x>5 or x<10
True
>>> not (x>5 or x<10)
False
```

5. 身份运算符

身份运算符可用于比较两个对象的身份。表 1.10 列出了运算符及其描述。

表 1.10   身份运算符及其描述

运算符	描　　述
is	如果两个变量是同一对象,则返回 True
is not	如果两个变量不是同一对象,则返回 False

该运算符类似于关系运算符"＝＝"和"！＝"。理解它们之间的区别是很重要的。关系运算符"＝＝"用于比较两个对象的值,而身份运算符"is"是用于比较两个对象是否存在于同一内存位置上。[①] 简单地说,它比较的是对象的 ID。从下面的例子中我们能更清楚地理解这种差异。对象 a 和对象 b 的 ID 不同,对象 a 和对象 c 的 ID 相同。具有相同 ID 的对象是相同的。

```
>>> a=[1,2,3]
>>> b=a[:]
>>> print(b is a)
False
>>> print(b==a)
True
>>> print(id(b))
60987312
>>> print(id(a))
60987032
>>> c=a
>>> print(c is a)
True
>>> print(c==a)
True
>>> print(id(c))
60987032
```

---

① Sudhakar K(2020),Learn Python Identity Operator and Difference Between "＝＝" and "IS" Operator,retrieved from https://www.tecmint.com/learn-python-identity-operator/#:~:text=Identity%20operator%20(%20%E2%80%9Cis%E2%80%9D)%20and,compare%20the%20object's%20memory%20location.&text='%3D%3D%20compares%20if%20both%20the,to%20the%20same%20memory%20location.

6. 成员运算符

成员运算符用于测试一个序列是否存在于一个对象中。in 和 not in 是其中主要的两个运算符。

- in：如果拥有指定值的序列存在于对象中，则返回 True。
- not in：如果拥有指定值的序列不存在于对象中，则返回 True。

7. 运算符优先级

除非有内括号，否则运算符按以下顺序计算。一般来说，算术运算符优先于比较运算符，而比较运算符优先于逻辑（布尔）运算符。运算符优先级按降序排列，如表 1.11 所示。

表 1.11　　　　　　　　　　　　　　　　运算符优先级

运算符	名称
x * * y	幂
＋x，－x	正、负
x * y、x/y、x//y、x%y	乘、除、向下取整、取余
x＋y、x－y	加、减
x<y，x<=y，x>y，x>=y，x==y，x!=y	关系（比较）
x is y and x is not y	身份"IS"
x in y and x not in y	成员"IN"
not x	布尔"否"（NOT）
x and y	布尔"与"（AND）
x or y	布尔"或"（OR）

1.2.2　选择和循环

在许多情况下，用户使用 if 和 if-else 语句来选择是否根据逻辑表达式执行某些语句，和/或对一系列不同的值进行重复计算。这对用户和计算机来说都更有效率。为了使代码更紧凑，我们可以使用循环来确保某些语句被重复执行。在 Python 中，while 或 for 语句都可以创建循环。

 学习目标

了解决策的基本控制结构，并能够编写 if 和 if-else 语句。

了解 while 和 for 循环的基本结构，学习如何编写循环，并使用 break、continue 和 pass 退出当次循环。

 主要内容

要　点

- 作为选择语句，if 和 if-else 语句允许我们根据逻辑表达式来选择是否执行语句。
- while 和 for 循环帮助你在一系列不同的值上重复相同的过程。

● break 语句打破最内层的 for 或 while 循环。continue 语句继续执行循环的下一个迭代。pass 语句在 Python 不引发执行错误的情况下不会进行任何操作。

重点名词

● 循环(Loop)：能够重复的代码结构。

● 循环体(Loop Body)：在 while 或 for 关键字和冒号之后的缩进语句。

1. if 语句

if 语句是一个选择语句，允许你根据逻辑表达式的结果选择是否执行语句[①]。下面的例子显示了一个简单的 if 语句。如果用户输入一个负数，则将执行第三行。如果用户输入一个正数，则不会输出任何内容。

```
a= int(input("Please enter a number:"))
if a<0:
    print("The number is less than 0")
================= D:/ifstatement.py =========================
Please enter a number:-4
The number is less than 0
```

2. if-else 语句

if-else 语句可以在条件为真时执行语句块，在条件为假时执行另外一个不同的语句块。下列为前一个例子的扩展。当有多个条件时，可以使用 if-elif-else 语句。当且仅当 if 和 elif 中的所有条件都不满足时，程序才会执行 else 之后的语句。这种模式下可以有多个 elif 语句。

```
a= int(input("Please enter a number: "))
if a<0:
    print("The number is less than 0")
elif a==0:
    print("The number is equal to 0")
else:
    print("The number is not less than 0")
================= D:/if-elsestatement.py =========================
Please enter a number:4
The number is not less than 0
================= D:/if-elsestatement.py =========================
Please enter a number: 0
The number is equal to 0
```

3. while 循环语句

while 语句可用于创建由条件控制的循环。语句块将重复执行，直到不满足条件为止。下面的例子演示了如何使用 while 循环。在 Python 语法中，while 条件后面有一个冒号，并且循环体是缩进的，这一点很重要。在下面的例子中，当 a<600 时，循环体将重复运行—a

---

① Necaise R D(2010)，Data Structures and Algon'thms Using Python，New Jersey：Wiley Publishing.

的值,通过将其之前的值乘以 3 而不断更新并进行输出。只有当 a 大于或等于 600 时,这个循环才会中断。

```
>>> a=1
>>> while a<600:
… a*=3  # Equivalent of a=a*3
… print(a)
…
3
9
27
81
243
729
```

4. for 循环语句

与 while 循环语句类似,for 循环语句可被用来为序列中的元素创建一个循环。这里需要使用在条件加冒号和缩进循环体的语法中。这个序列可以是字符串、元组或列表。下面的例子是一个简单的 for 循环。

```
>>> list1=[1,2,3]
>>> for element in list1:
 print(element)
1
2
3
```

在更复杂的情况下,for 循环可以与条件语句和运算符一起使用。下面的例子定义了一个名为 a_prime()的函数,如果输入的数字是质数,则返回 True。定义函数将在后面的章节中进一步解释。for 循环会计算 2 到 100 之间的质数的和。此处 for 循环与 if 语句和一些赋值运算符一起使用。

```
def a_prime(n):
    for i in range(2,n):
        if n%i==0:
            return False
    return True
sum=0
for i in range(2,100):
    if a_prime(i):
        sum+=i
print(sum)
==================== D:/forloop.py ====================
1060
```

5. break 和 continue 语句

此外，Python 还提供了两个控制循环的关键字：break 和 continue。与 C 语言一样，break 语句会跳出最内层的 for 或 while 循环，而 continue 语句将会继续循环下一个迭代。例如，通过将 continue 改成 break，我们获得了完全不同的结果：

```
>>> for c in "PYTHON":
... if c=="T":
...     continue   # the following line is skipped when c=="T"
... print(c)
...
P
Y
H
O
N
```

```
>>> for c in "PYTHON":
... if c=="T":
...     break   # the entire loop breaks when c=="T"
... print(c)
...
P
Y
```

6. pass 语句

pass 语句不会执行任何操作。当语法上需要一个语句，但程序上不需要任何操作时，可以使用它。例如：

```
>>> while true:
  pass
```

pass 语句通常用于创建空类（细节可以稍后填充）和测试运行代码，使得程序不会引发任何错误或警告消息。

```
>>>class MyEmptyClass:
    Pass
```

在处理新代码时，pass 可以用作函数或条件体的占位符，能够让你从更抽象的角度进行思考。pass 会按如下代码块所示被静默运行。

```
>>> def initlog(*args):
        pass # Remember to implement this!
```

1.2.3　模块和函数

程序员可能会发现需要重复使用某些函数。将定义复制到每个程序中是烦琐和低效的。因此,用户应将程序分成几个文件,其中一些文件用于定义常用函数,而主文件则用于执行程序。用户还可以定义许多开源函数供他人使用。在这种情况下,下载这些预定义函数并直接在主代码中使用它们会对程序编写很有帮助。

 学习目标

理解模块的意义并且学习输入模块。

了解函数的定义并会调用函数。

 主要内容

要　点

● 用户可以将定义放在一个名为模块的文件中,并在脚本或交互式解释器实例中使用它。

● 函数可以理解为执行特定任务的子程序。

重点名词

● 模块(Module):模块是用户存储定义的文件,可以在脚本或交互式解释器实例中使用。

● 函数(Function):函数是执行特定任务的一组相关语句。

● 函数调用(Function Call):该语句执行一个函数。函数调用由函数名和括在圆括号中的参数列表组成。

1. 输入模块

在 Python 中,用户可以将定义放在名为模块的文件中,并在脚本或交互式解释器实例中使用它。Python 自带一个标准模块库(Library)。你可能听说过 Pandas,这是一个用于数据处理和分析的非常强大的库。有三种方法可以导入库或模块,如下所示:

```
>>> import pandas

>>> from pandas import *    # this imports all modules. To import specific modules,
                            # the asterisk (*) is replaced by the module name.
>>> import pandas as pd     # this allows the user to refer to the library as pd
                                when using.
                            # functions in the library subsequently.
```

此外,用户还可以根据自己的需要定义模块。例如,我们可以定义一个或几个函数,然后导入相应的模块。这样,我们就可以使用模块中的函数。以下是一个模块示例。

```
====================operations.py============================

# To define a function sum()
def sum(a,b):
    c=a+b
print(c)
return c

# To define another function product()
def product(x,y):
    z=x*y
    print(z)
    return z
============================================================

>>> import operations
>>> operations.sum(10,100)
110
>>> operations.product(10,100)
1000
```

本例中我们需要在进入 Python 解释器并导入此模块之前,在当前目录中创建一个名为 operations. py 的文件。

2. 定义和调用函数

函数是一组独立的语句。它可以被理解为执行特定任务的子程序。在 Python 中定义函数的语法已经在前面几个例子中进行了说明。它以一个 def 语句开头,带有用括号括起来的参数列表(非必须)的函数名和一个冒号。函数的定义必须缩进。一般需要在定义函数时提供对函数功能的简短描述。这个描述称为文档字符串,并在函数声明下面显示。它们一般写在三重单引号或三重双引号中。这些声明可以帮助程序员快速理解彼此所写的函数。下面是计算 n 的阶乘的函数。

```
def fact(n):
"""This program calculates the factorial of n."""
s=1
for i in range(1,n+1):
s*=i  # Equivalent of s=s*i
    return s
```

我们还可以通过函数调用来使用这个函数,如下所示:

```
y=fact(10)
```

根据函数的定义方式和用途可以将多个参数传递给函数。当函数被调用时,执行流会跳转执行函数中的指令,并返回到调用函数的位置。

开源 Python 库：库是一组函数的集合，可以迭代地使用它们来减少编码所需的时间，不需要每次都从头编写代码，只需要导入就可以直接使用它们。以下 5 个库经常用于数据分析和数据可视化。

（1）Numpy。Numpy 是一个用于处理数组的 Python 库。它还包括线性代数域、傅里叶变换域和随机数域的函数。

```
import numpy as np
A=np.array([[1,3],
            [2,0]])
B=np.array([[1,0],
            [3,4]])
print(A.max())
print(B.sum())
print(A@B)   # matrix product
print(A.dot(B))   # another matrix product
===========================numpy_1.py===========================
3
8
[[10 12]
 [ 2  0]]
[[10 12]
 [ 2  0]]
```

（2）Pandas。Pandas 是一个主要用于数据分析的 Python 库。它允许从各种文件格式中导入数据，如逗号分隔值（JSON、SQL、Microsoft Excel）。Pandas 支持各种数据操作，比如合并、重塑、选择，以及数据清理和数据整理功能。[①]

```
import pandas as pd
import numpy as np
dates=pd.date_range('20210301',periods=2)
print(dates)
df=pd.DataFrame(np.random.randn(2,3), index=dates, columns=list("ABC"))
print(df)
print(df.describe())   # a quick statistic summary of your data
print(df.sort_values(by="B"))   # sorting by values

===========================pandas_1.py===========================
DatetimeIndex(['2021-03-01', '2021-03-02'], dtype='datetime64[ns]', freq='D')
                   A         B         C
2021-03-01 -1.150190  0.555267  0.441445
2021-03-02 -1.615756 -0.585824 -0.355301
```

---

① 关于 Pandas Dataframes 的定义，请参阅 https://en. wikipedia. org/wiki/Pandas_(software)。

```
                  A          B          C
count   2.000000    2.000000    2.000000
mean   -1.382973   -0.015279    0.043072
std     0.329205    0.806873    0.563384
min    -1.615756   -0.585824   -0.355301
25%    -1.499364   -0.300552   -0.156114
50%    -1.382973   -0.015279    0.043072
75%    -1.266581    0.269994    0.242258
max    -1.150190    0.555267    0.441445
                  A          B          C
2021-03-02 -1.615756  -0.585824  -0.355301
2021-03-01 -1.150190   0.555267   0.441445
```

（3）Pandas_datareader。Pandas_datareader 是从 Pandas 代码库中提取的模块。它可以为 Pandas 提供最新的远程数据访问。

```
import os
import pandas_datareader as web
AAPL = web.DataReader(name='AAPL', data_source='yahoo',start='2021-1-1',
end='2021-3-12')
# Parameters of DataReader function
# (name=the ticker symbol,data_source=Data source,
# start=left boundary of range,end=right boundary of range(default today))
print(AAPL.tail()) #The tail method provides us with the five last rows of
the data set
==========================pandas_datareader_1.py=========================
                High         Low        Open        Close        Volume
    Adj Close
    Date
    2021-03-08 121.000000  116.209999  120.930000  116.360001  153918600.0
116.360001
    2021-03-09 122.059998  118.790001  119.029999  121.089996  129159600.0
121.089996
    2021-03-10 122.169998  119.449997  121.690002  119.980003  111760400.0
119.980003
    2021-03-11 123.209999  121.260002  122.540001  121.959999  102753600.0
121.959999
    2021-03-12 121.169998  119.160004  120.400002  121.029999   87963400.0
121.029999
```

（4）Matplotlib。Matplotlib 是一个全面的综合性库，用于在 Python 中创建静态、动画和交互式可视化，如图 1.1 所示。

```
import os
import pandas_datareader as web
import matplotlib.pyplot as plt
GOOG = web.DataReader(name='GOOG', data_source='yahoo', start='2017-1-1', end='2020-12-31')
GOOG['Close'].plot(figsize=(8,5))
# Retrieving data and visualizing it with the plot method
plt.show()
==========================matplotlib_1.py==========================
```

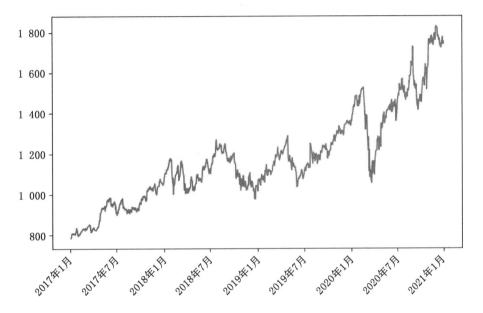

图 1.1　Python 中 Matplotlib 图形绘制

（5）SciPy。SciPy 是一个开源 Python 库，用于解决科学和数学问题，如图 1.2 所示。

```
import numpy as np
import matplotlib.pyplot as plt
from scipy import interpolate
x = np.arange(2,15)
y = np.exp(x/4.0)
func = interpolate.interp1d(x, y)
#SciPy provides interp1d function to find the curve-fitting
# of a series of two-dimensional data points.
x_t = np.arange(3,9)
y_t = func(x_t)
plt.plot(x, y, 'o', x_t, y_t, '--')
plt.show()
==========================scipy_1.py==========================
```

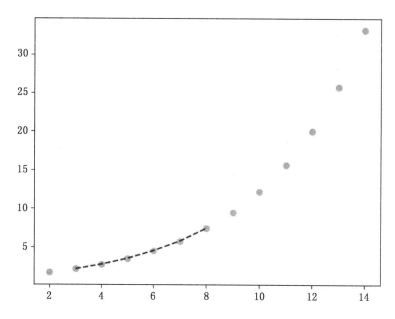

图 1.2　使用 Python 中 SciPy 库解决数学或科学问题

 参考文献/拓展阅读

［1］Breiman L(2001),Statistical Modeling:The Two Cultures,*Statistical Science*,16(3):199—231.

［2］Donoho D(2017),50 Years of Data Science,*Journal of Computational and Graphical Statistics*,26:4,745—766,DOI:10. 1080/10618600. 2017. 1384734.

［3］Press G(2013),A Very Short History of Data Science, https://www. forbes. com/sites/gilpress/2013/05/28/a-very-short-history-of-data-science/#7eace5f355cf.

［4］Tukey J W(1962),The Future of Data Analysis,*The Annals of Mathematical Statistics*,33(1):1—67.

 应用程序

https://numpy. org/

https://pandas. pydata. org/

https://pypi. org/project/pandas-datareader/

https://matplotlib. org/

练习题

习题一

下列对集成开发环境(IDE)描述最准确的是(　　)。

A. 提供开发环境的应用程序,通常包括代码编辑器、编译器、调试器和图形用户界面等
　 工具

B. 读取和执行使用 Python 语言书写指令的程序

C. Python 内置函数

习题二

下列代码会输出的结果及结果的类型是(　　)。

```
a = 23
b = '12'
c = str(a)+b
```

A. 35 整型　　　　　　　　　B. 2312 整型　　　　　　　　C. 2312 字符串

习题三

True＋32 的结果是(　　)。

A. 31　　　　　　　　　　　B. 32　　　　　　　　　　　C. 33

习题四

下列数据类型不能成为字典的键的是(　　)。

A. List　　　　　　　　　　B. Tuple　　　　　　　　　　C. String

习题五

如果学生的成绩在 90 分及以上则返回 A，如果学生的成绩在 75 分及以上则返回 B，如果学生的成绩在 60 分及以上则返回 C，如果学生的成绩在 60 分以下则返回 D。下列 if-elif 循环能够较为合适表示的是(　　)。

A.
```
if score >= 90:
    print("A")
elif score >= 75:
    print("B")
elif score >= 60:
    print("C")
else:
    print("D")
```

B.
```
if score >= 90:
    print("A")
elif 75<=score<90:
    print("B")
elif 60<=score<75:
    print("C")
else:
    print("D")
```

C.
```
if score >= 90
    print("A")
elif score >= 75
    print("B")
        elif score >= 60
            print("C")
                else
                    print("D")
```

习题六

下列程序的结果是(　　)。

```
food = ["apple","banana","cucumber","donut","egg"]
for i in food:
if i == "donut":
    break
print(i)
```

A. apple
   banana
   cucumber
   donut

B. apple
   banana

        cucumber
c. apple
    banana
    cucumber
    egg

习题七

为了保证 a 的数据类型为整型,下列运算符不可能出现的是(   )。

```
>>> a = 20 ? 3
```

A. a＝20/3   B. a＝20%3   C. a＝int(20/3)

习题八

下列代码的输出结果是(   )。

```
>>> 1 + 1 = 2
```

A. True   B. False   C. SyntaxError

习题九

下列代码的输出结果是(   )。

```
>>> 5+2%4
```

A. 7   B. 5   C. 3

参考答案

习题一

选项 A 是正确的。

集成开发环境(IDE)是提供开发环境的应用程序,通常包括代码编辑器、编译器、调试器和图形用户界面等工具。

习题二

选项 C 是正确的。

str()函数会将变量的类型从整型改为字符串,"＋"运算符会把两个变量视为字符串加在一起。

习题三

选项 C 是正确的。

True 是 1,1＋32＝33。

习题四

选项 A 是正确的。

字典的键是不可更改的,比如字符串、数或者元组。选项中唯一一个可更改的数据类型是列表。

习题五

选项 A 是正确的。

选项 B 没有很好的运用 elif 的便捷性,而选项 C 的缩进有错误。

习题六

选项 B 是正确的。

选项 A 是错误的,因为循环在第四次迭代时就已经退出循环了。如果选择的词是 continuing 而不是 break,则选项 C 是正确的。

习题七

选项 A 是正确的。

习题八

选项 C 是正确的。

如果运用的是双等号,则选项 A 是正确的。单等号被用来给变量赋值。

习题九

选项 A 是正确的。

第2章 数据结构与算法

2.1 数据结构与算法概述

2.1.1 基础概念及特性

本节主要介绍数据结构与算法的基本术语和类型。

 学习目标

理解对数据结构的需求、相关的类型、定义及其作用。

理解类似于类别和特征此类算法的基本原理。

 主要内容

要　点

- 在当今以数据为中心的世界中,数据结构至关重要。我们需要利用数据结构来更有效地搜索和处理大量数据。
- 数据应具有原子性、可追踪性、准确性和简洁性。
- 算法是一组按顺序执行的程序指令,用于解决问题。
- 算法应具有明确、匹配期望输出、有限、可行和独立于其他程序等特征。

重点名词

- 数据结构(Data Structure):数据组织、管理和存储格式的一种形式;数据结构允许有效访问和利用存储的数据。
- 算法(Algorithm):定义明确的指令的有限序列,通常用于解决一类问题。
- 搜索(Search):在数据结构中搜索条目的过程。
- 排序(Sort):按特定顺序对项目进行排序的过程。

1. 数据结构的概念

数据结构有两个组成部分:接口(interface)和实现(implementation)。接口指的是数据结构支持的插入和删除等操作。大多数著名的数据结构,如数组、列表等,都遵循相同的接口。数据结构往往是通过其特定的算法来实现的。因此,通过这种方式,我们可以知道数据结构将如何组织数据，以及操作将如何在数据上执行。

有两种数据类型：内置数据类型（Built-In Data Types）和派生数据类型（Derived Data Type）。内置数据类型是一种语言内置支持的数据类型。示例包括整数、布尔值、浮点数、字符和字符串。而派生数据类型是独立于实现的数据类型，因为其可以以一种或另一种方式实现：列表、数组、堆栈和队列。

每种类型的数据都必须具有以下特性：原子性、可追踪性、准确性、清晰性和简洁性。原子性意味着数据的定义应该是一个单一的概念，可追溯性意味着数据的定义可以映射到一些数据元素，准确性是指数据的明确性、无歧义，而清晰性和简洁性意味着定义应该是可以理解的。

数据结构是执行数据学家所需要功能的关键。从概念上讲，数据结构的功能就像一个精心安排的工作台。这种安排可以让操作员更容易地浏览项目，从而提高效率。例如，数据结构包括组织大量的数据集合，以便能够方便地搜索所需的数据。此外，即使在处理的数据量很大的情况下，数据结构也应保持较高的处理速度。最后，数据结构应该能够在服务器上同时进行搜索。以上所有功能加起来为数据学家在浏览大量数据时提供了便利，这在今天已经颇为常见。

2. 算法的概念

数据结构的一个重要部分是算法。数据结构是用算法实现的。算法是为了解决问题而依次执行的一组程序指令。当一个算法应用于一组特定的数据时，它可以得到期望的输出。

算法的效率是程序设计的重要指标。两个常见的指标为时间复杂度（Time Complexity）和空间复杂度（Space Complexity）。时间复杂度描述了一个算法所需要的时间，它是根据算法的输入量来计算的。时间复杂度越低，程序的效率越高。空间复杂度定义了特定数据结构所占用的内存；它占用的内存越少，其空间复杂度就越高。

根据它们的特定功能和相关操作，这些算法有以下常见类别。搜索算法（Search Algorithms）通常用于搜索数据结构中的项。稍后将讨论搜索算法的一些例子，包括二分搜索、线性搜索和斐波那契搜索。排序算法（Sort Algorithms）用于按一定顺序对项目进行排序。将项目插入到数据结构中的算法称为 Insert。更新算法（Update Algorithms）是更新数据结构中的现有项。删除算法（Delete Algorithms）是从数据结构中删除现有项。

算法除了它们的功能外，还包括它们自己的一组特征。首先，算法应该清晰明确。一个算法应该有定义明确的输入来匹配期望的输出。作为分步指令，算法必须在有限的步骤后终止。在给定的步骤和约束条件下，算法是可行的。最后，分步指令应该独立于任何编程代码。

各种数学问题可以用算法解决，比如斐波那契数列。除了解决数学问题，与排序和搜索技术有关的各种函数都依赖于算法。我们将在后面的章节中探讨线性搜索和二分搜索。

2.1.2　算法的复杂性

本节主要介绍不同类型的符号和算法，包括在算法分析中解释一个矩阵。如前所述，算法用于解决数据集中出现的问题。决定算法解决问题能力效率的因素与算法的复杂性相关，并由算法解决给定问题所需的相对时间来定义。

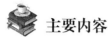 **学习目标**

理解大 O 符号在确定算法复杂性中的使用。

理解 Omega 符号在确定算法复杂性中的使用。

理解 Theta 符号在确定算法复杂性中的使用。

主要内容

要　点

● 算法的类别包括常数、对数、线性、对数线性、二次、三次、指数。这个列表是大小递增的,常数是最低的,指数是最高的。

重点名词

● 大 O 符号(Big-O Notation):表示最坏情况下的时间场景。

● Omega 符号(Omega Notation):$\Omega(n)$表示最佳场景。

● Theta 符号(Theta Notation):$\theta(n)$表示平均情况场景。

● For 循环(For-Loop):在序列中对项目进行迭代的操作。

1. 符号的种类

大 O 符号表示算法运行时间的上界。上界是指执行算法所花费的最长时间,即最坏情况下的时间场景。

假设 f(n)为某算法的运行时间。

O(g(n))={f(n):存在正常数 c 和 n0,使得在 n >=n0 条件下,有 0<=f(n)<=c * g(n)}

Omega 符号 $\Omega(n)$是表示算法运行时间下界的正式方式,表示最佳情况。

Ω(g(n))={f(n):存在正常数 c 和 n0,使得在 n >= n0 条件下,有 0 <=c * g(n)<=f(n)}

$\theta(n)$符号表示算法运行时间的上界和下界。它可以用来推断所需的平均时间,这是平均情况场景。

θ(g(n))={f(n):存在正常数 c1、c2 和 n0,使得在 n>=n0 条件下,有 0<= c1 * g(n)<=f(n)<=c2 * g(n)}

2. 不同类型的算法

算法可以被分为如下几类:

对数算法(Logarithmic Algorithms)指的是时间复杂度表示为 O(log(a)n)的算法。这些算法通常非常高效,因为 log(a)n 将以比 n 慢的速度增长。

多项式算法(Polynomial Algorithms)是多项式的有效表达。形式如下:

$$a_m n^m + a_{m-1} n^{m-1} + ... + a_2 n^2 + a_1 n + a_{m0}$$

该方程的时间复杂度为 O(n^m)。

线性算法(Linear Algorithms)是当 O(n^m),m=1 时常见的多项式算法形式。

二次算法(Quadratic Algorithms)是方程 O(n^m),m=2 时的多项式算法的常见形式。

三次算法(Cubic Algorithms)是方程 O(n^m),m=3 时的多项式算法的常见形式。

就时间复杂度而言,指数算法(Exponential Algorithms)并不是算法的最佳形式。它的特征是指数方程 a^n。

3. 矩阵算法分析中的内循环和外循环

在矩阵的算法分析中,将循环分为内循环和外循环。

在下面给出的例子中,我们将考虑以下算法来计算一个 n×n 矩阵每一行的和以及整个矩阵的总和:

```
sum = 0
sum_row = [None]*n   # To generate an empty list to store the sum of each row
for i in range(n):
sum_row[i] = 0
for j in range(n):
    sum_row[i] = sum_row[i] + matrix[i,j]
    sum = sum + matrix[i,j]
```

该算法包含两个循环,一个嵌套在另一个内部。内循环的每次循环执行两条语句,因此循环 2n 次。外循环每次循环执行一次内循环 j,因此循环 n 次,组合起来即 2n^2 次。

4. 新版本算法

考虑下面算法的一个新版本,是将第二个加法从内循环中删除。它被修改为对 sum_row 数组中的条目进行求和,而不是对矩阵中的元素进行求和。

```
sum=0
for i in range(n):
    sum_row[i] = 0
    for j in range(n):
        sum_row[i] = sum_row[i] + matrix[i,j]
    sum = sum + sum_row[i]
```

在这个算法的新版本中,内循环被执行 n! 次。唯一的区别是它只包含一个额外的操作。注意,sum=sum+sum_row[i]不是版本一中表示的矩阵,这导致外循环的每次迭代都会有 n 次加法。然而,外循环现在包含了一个自己的加法运算符,即 n*(n+1)。第二个版本比第一个版本执行得更快,尽管在执行时间上只有微小的提高。

2.2　抽象数据类型

2.2.1　概要

本节首先描述抽象数据类型(Abstract Data Type,简称 ADT),然后介绍不同类型的操作,并定义抽象概念。

一个 ADT 可以被看作是算法黑盒的一种形式。当程序与 ADT 交互时,它会调用存储在黑盒中的几个操作来提供输出。这简化了算法,并向用户展示了最终产品而不是如何推导它。

学习目标

理解什么是抽象数据类型。

了解 ADT 的分离方式及其达成实现。

理解这四种类型的操作是如何实施的。

主要内容

要　点

● 过程抽象(Procedural Abstraction)是指应用一个函数或方法,知道它是做什么的,但不知道它是如何完成的。

● 数据抽象(Data Abstraction)指的是将数据类型的属性(包括值和操作)从该数据类型的实现中分离出来。

● 四种类型的运算符:构造器、可变器、访问器和迭代器。

重点名词

● 抽象数据类型(ADT):数据类型的数学模型。

● 信息隐藏(Information Hiding):分离技术要求 ADT 通过接口进行交互。

● 接口(Interface):与 ADT 交互的一组被定义的操作。

● 抽象(Abstraction):分离对象属性并将焦点限制在当前相关环境中的机制。

● 过程抽象:应用一个函数或方法,知道它是做什么的,但不知道它是如何完成的。

● 数据抽象:数据类型的属性(值和操作)与数据类型的实现分离的过程。

1. 抽象数据类型（ADT）

抽象数据类型可以被解释为包含不同操作实现细节的黑盒。用户程序通过调用其接口定义的几个操作中的一个与 ADT 实例交互,该接口是 ADT 交互的一组已定义的操作。信息隐藏是一种分离技术,需要 ADT 通过接口进行交互。

黑盒包含各种操作的实现。我们不需要知道黑盒内的内容就可以使用 ADT。下面将介绍抽象数据类型及其优点。

2. 操作类型

类似于可以在 ADT 上操作的函数类型:

构造器(Constructor):创建和初始化 ADT 的新实例。

访问器(Accessor):返回包含在实例中的数据,没有任何修改。

可变器(Mutator):修改 ADT 实例的内容。

迭代器(Iterator):对单个数据组件的顺序处理。

3. 抽象概念

抽象是一个分离对象属性将焦点限制在最重要和相关的方面,而忽略不重要的方面的过程。抽象用户不必熟悉使用对象的所有细节。相反,他们只需要理解与当前任务相关的内容。过程抽象和数据抽象是两种常见的抽象机制。

过程抽象是指使用一个知道其目标或目的但不知道其实现的函数或方法。想想平方根函数,这个函数可能在某些时候用过。过程抽象忽略了计算根函数的过程,而是提供了平方根计算结果。

数据抽象是将数据类型的属性(其值和操作)与该数据类型的实现分离的过程。它解释了数据的内部结构和各种操作的实现。

为了在计算机程序中使用整数运算,程序员不需要知道计算数学表达式所需的汇编语言指令或理解硬件能否实现。

2.2.2　数据类型

本节主要介绍不同的 ADT 类型,并就日期类型的 ADT 给出了具体例子。

 学习目标

掌握 ADT 的不同种类,包括简单抽象数据类型和复杂抽象数据类型。

理解复杂抽象数据类型是使用特定的数据结构来得以实现的。

 主要内容

要　点

● 简单 ADTs 由一个或几个单独命名的数据字段组成。

● 复杂 ADTs 由一组数据值组成。

● 复杂 ADTs 是通过特定的数据结构实现的。它表示数据的组织和操作。

重点名词

● 简单抽象数据类型(Simple ADTs):简单 ADTs 包含像日期和有理数一样的独立数据。

● 复杂抽象数据类型(Complex ADTs):复杂 ADTs 包含数据值的集合,如 Python 列表或字典。

ADT 的主要类型有两种:简单 ADTs 和复杂 ADTs。简单 ADTs 包括单个数据,如日期或有理数。复杂 ADTs 包含一组数据值,如 Python 的列表或字典。

抽象数据类型是首先通过指定组成 ADT 的数据元素的域以及随后在该域上执行的操作集来定义。这两个过程应该明确定义,以提供一个明确的 ADT 定义。在本节中,我们将提供一个简单抽象数据类型的相关操作来表示预计的公历日期。下面的一些代码是用于构造简单 ADTs 的重要运算符:

Date(month/day/year):创建一个初始化为给定公历日期的新日期实例。

advanceBy(days):按给定天数提前日期。

comparable(other Date):将该日期与 other Date 进行比较,以确定其逻辑顺序。

to String():返回格式为 mm/dd/yyyy 的公历日期字符串。

【示例】

教皇格里高利十三世于 1582 年引入公历取代儒略历。新历法解决了对农历年计算错误的问题,并引入了闰年。1582 年 10 月 15 日是公历的第一个正式日期。下列显示了表示公历日期 ADT 的相关代码。

```
from datetime import date
gregorian_date = date.fromordinal(737500)  #Returns the date corresponding
to the expected Gregorian serial number, where January 1, AD 1 is numbered 1.
print(gregorian_date)
--------------
2020-03-16
```

2.3 数组和列表

2.3.1 数组

本节将探讨一维数组(One-Dimensional Array)和二维数组(Two-Dimensional Array)数据结构所涉及的一些操作和基础知识。

数组是存储和访问数据集合的最基本结构,数据集合可用于解决计算机科学中的各种问题。大多数编程语言将数组的数据类型作为原语提供,并允许创建多维数组。

 学习目标

理解什么是数组以及一维数组中使用的相关符号。

注意数组的基本操作。

 主要内容

要　点

● 数组在概念上可以定义为保存固定数量的相同类型项的容器。

● 数组可以是一维的,也可以是多维的。

● 索引用于表示数组中每个项目的位置。

● 数组索引以"0"开头;数组中的第一个索引总是"0"。

● 数组可以通过一些简单的运算进行操作。

重点名词

●元素:存储在数组或列表中的最基本的组成项,包括整数、字符串、字符等。

● 索引(Indexes):数字列表,表示元素在数组或列表中的位置。

● 遍历(Traverse):操作精确地访问每条记录一次,以便进行所需的操作。

● 插入(Insertion):用于将一个元素插入列表或数组中的操作。

● 删除(Deletion):用于从列表或数组中删除元素的操作。

● 搜索和更新:用于在列表或数组中搜索项或进行必要更改的一系列操作。

1. 数组的基础

一维数组非常类似于 Python 列表(List)。存储在数组中的每个项被称为元素。图 2.1 是一个包含 7 个元素的列表示例。

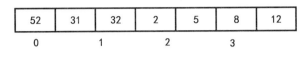

| 52 | 31 | 32 | 2 | 5 | 8 | 12 |

0　　　　　1　　　　　2　　　　　3

图 2.1　Python 列表示例

根据数组中的元素位置,对其进行数值识别。图 2.1 演示了一维数组如何以"类似列表"的方式存储元素。图 2.1 中元素下方的下标是一种用于指示存储在数组中的元素位置的数字表示法。索引对于要执行的切片操作非常重要。稍后将对此进行深入讨论。

与一维数组相关的基本操作总结如下:

(1)遍历。按顺序输出数组中的所有元素。

(2)插入。在给定索引处添加一个元素。

(3)删除。删除给定索引处的元素。

(4)查询。使用给定的索引或值搜索元素。

(5)更新。更新给定索引处的元素。

2. 数组 ADT

数组 ADT 表示一个一维数组,在原始编程语言中是很常见的。一维数组包含由其各自索引标识的元素的连续列表,第一个元素从 0 开始,以此类推。需要注意的是,一旦数组创建,它的大小就不能改变。下面是常用的数组操作符:

array(size):创建一个由 size 元素组成的一维数组,初始值为 None,size 必须大于零。

len():返回数组的长度或数组中元素的数量。

getitem(index):返回存储在数组中元素位置索引处的值。索引的参数必须在有效范围内。它可以使用下标操作符访问。

setitem(index,value):从数组的位置索引处修改元素的内容以包含一个值。索引必须在有效范围内。它可以使用下标运算符来访问。

clear(value):通过将每个元素设置为 value 来清除数组。

iterator():创建并返回一个可以遍历数组元素的迭代器。

3. 二维数组

二维数组用行和列表示,类似于网格。Array2D(nrows,ncols)可以创建一个由行和列组成的二维数组。二维数组涉及一些运算,这些操作允许运算符返回值并创建二维数组。nrows 和 ncols 参数表示表的大小,分别决定列和行的长度。另外,numRows()输出二维数组中的列数。

2.3.2　列表

列表是一维数组,与传统意义上的数组相比,具有更多的操作。本节以 Python 为例介绍列表的创建和组件,并引入不同的操作,包括扩展、删除项、插入项、对列表切片或实现列表遍历。

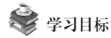 学习目标

了解 Python 列表是如何被不同的运算符创建和操作的。
展示使用迭代和遍历评估列表复杂性的能力。

 主要内容

要　点
- 序列遍历可以逐个访问单个项目,并对每个项目执行一些操作。
- 列表创建(List Creation)是一个可以分析其时间复杂度的操作。这是通过填充一个空列表或删除一个包含 n 个元素的列表来完成的。

重点名词
- 切片(Slicing):通过索引从列表中删除特定的段的操作。
- 列表遍历(List Traversal):在列表中迭代运行的操作。

1. Python 列表

Python 列表是一个一维数组,可用于存储组成数组的元素。图 2.2 提供了一个示例,它显示了列表的长度和容量。数组的长度只有 6 个(因为它包含 6 个元素),但是总容量(包含框架)为 10 项。在 Python 中没有访问容量的方法,但是可以通过运算符 len()访问长度。

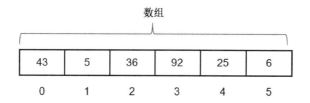

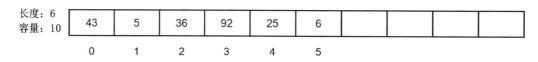

图 2.2　七个元素的长度和容量

2. Python 列表相关操作

Python 列表的构造器(Constructor)是通过运算符 list()创建的。下面给出了一个创建列表的简单例子。

```
>>>list = [2,3,4,5]
>>>list
[2, 3, 4, 5]
```

len()返回列表中存储的元素数。下面是有关 len()运算符的演示:

```
>>>list = [2, 3, 4, 5]
>>>len(list)
4
```

Append()在列表的末尾插入一个元素。在下面的例子中，可以使用 append()来插入元素"10"。

```
>>>list = [2, 3, 4, 5]
>>>list.append(10)
[2, 3, 4, 5, 10]
```

随后，可以将其他项(如单词)附加到现有扩展列表的顶部。参照下面的例子，关键是将单词放入双引号中，这样 Python 就可以将其读取为字符串类型。

```
>>>list = [2, 3, 4, 5]
>>>list.append("hello world")
>>>list
[2, 3, 4, 5, "hello world"]
```

相比之下，extend()可以将整个列表插入现有列表中。参照下面的例子，列表 list_b 中的元素通过 extend()被添加到列表 list_a 中。

```
>>>list_a = [2, 3, 4, 5]
>>>list_b = [5, 4, 3, 2]
>>>list_a.extend(list_b)
>>>list
[2, 3, 4, 5, 5, 4, 3, 2]
```

insert()操作遵照 insert(n, m)的公式。括号内 n 指插入的索引，而 m 指插入在索引"n"处的项。在 Python 列表中，索引从 0 开始，所以下面的 list. insert(2, 100)将在第 3 个元素(索引 2，在数字 3 之后)处插入数字 100。

```
>>>list = [2, 3, 4, 5]
>>>list.insert(2, 100)
>>>list
[2, 3, 100, 4, 5]
```

pop()的作用是从给定列表中删除项。默认情况下，pop()将删除最后一项，但可以在括号()中插入位置符号或切片，以指示要删除的项。下一节将介绍更多关于切片的内容。下面的例子使用 pop()删除了一个特定的单数项。默认情况下，括号内的数字若要留空会删除列表中的最后一项，或者我们可以让括号中包含−1，或者使用命令 list. pop(−1)。

```
>>>list = [2,3,4,5]
>>>list.pop(0)  # remove the first item
1
>>>list
[3,4,5]
>>>list.pop()  # remove the last item (default)
5
>>>list
[3,4]
```

3. 切片

下列给出了一个对列表进行切片的例子。在这个例子中,将使用[0：2]操作来对列表 a 进行切割并创建列表 b。列表 b 是由列表 a 中位置"0"到位置"2"之间的元素创建的。注意,只有两个数字"2"和"3"被切割出来,因为占据位置 2 的元素(在本例中是"4")没有被包括在内。

```
>>>list = [2,3,4,5]
>>>list_b = list[0:2]
>>>list_b
[2,3]
```

4. 列表遍历

首先我们必须检查遍历的内部实现,以确定这个简单算法的复杂度顺序。在对用于存储列表元素的一维数组的连续元素进行迭代时,需要使用一个索引变量来进行计数控制循环,该变量的值在子数组索引的范围内。以下列表迭代显示了如何使用 for 循环。

```
list = [2,3,4,5]
sum = 0
for i in range(len(list))
    sum = sum + list[i]
print(sum)
-------------
14
```

假设序列运行 n 次迭代,所花费的时间可以用来评估这个特定 Python 列表的性能。

2.4　堆栈和队列

2.4.1　堆栈

堆栈是 ADT 的一种形式。从概念上讲,它代表了一个项目的堆叠,比如一堆盘子或一堆纸。本节主要介绍堆栈的基本操作和单链表堆栈的使用。

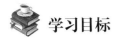 **学习目标**

了解堆栈的概念及特点和表示。

探索堆栈的各种形式的基本操作和推入操作。

 **主要内容**

要　点

● 堆栈只允许在一端进行操作。这个特性被称为后进先出。

● 堆栈可以使用数组、结构、指针(Pointer)和链(Linked List)来实现。

● 诸如 peek()、pop()和 push()等运算符用于从列表创建堆栈。

重点名词

● LIFO(Last In First Out):后进先出。这是由于堆栈的独特特性,使得操作只能在一端执行。

● 入栈操作(Push Operation):将项目添加到堆栈顶的操作。

● 出栈操作(Pop Operation):从堆栈中移除一个项的操作。

1. 堆栈 ADT

堆栈是一种数据结构,它以后进先出的顺序收集项目的线性集合。项目的添加和删除被限制在一端,也就是堆栈的顶部。空堆栈是指不包含任何项的堆栈。以下是一些常用的代码:

stack():创建一个新的空堆栈。

isempty():返回一个布尔值来指示堆栈是否为空。

len():返回堆栈中项目的总数。

pop():如果堆栈不是空的,则移除并返回堆栈的顶项。

peek():返回一个对非空堆栈顶部的项目的引用,而不移除它。

push(item):将给定的项目添加到堆栈顶。

下面的代码演示了如何创建一个堆栈。

```
class Stack:
    …(See the next code block for details)
stack_a = Stack()
value = int(input("Please enter an integer"))
while value >= 0:
    stack_a.push(value)
    value = int(input("Please enter an integer"))

while not stack_a.isEmpty():
    value = stack_a.pop()
    print(value)
```

2. 基础操作

堆栈和队列具有一系列操作。以下总结了与堆栈和队列相关的一些关键操作。

push():将一个元素推送(存储)到堆栈上。

pop():从堆栈中移除(访问)一个元素。

peek():获取堆栈的顶部元素,而不移除它。

isfull():检查堆栈是否已满。

isempty():检查堆栈是否为空。

在列表中,push()和 pop()两个操作是堆栈和队列的特征。它们表示在堆栈和队列上执行的插入和删除操作。在这里,我们将逐步讨论它们的机制。首先,入栈操作也可以称为堆栈的插入操作。其次,出栈操作是堆栈的移除操作。为进行这一行动所采取的步骤如下:

步骤 1:检查堆栈是否为空。

步骤 2:如果堆栈为空,则会报错并退出。

步骤 3:如果堆栈不为空,则访问 top 指向的数据元素。

步骤 4:将 top 值减 1。

步骤 5:返回成功。

3. Python 列表堆栈

Python 中的列表可以用来建立堆栈 ADT。对于下面的代码,peek()和 pop()操作只能应用于非空堆栈,因为不可能删除或查看不存在的东西。为了实现这一要求,我们必须在应用给定操作之前确保堆栈不是空的。peek()返回对列表中最后一项的引用。要实现 pop()功能,我们需调用列表结构的 pop()方法,该方法与我们试图执行的是相同的操作。

```python
# Using a Python list to construct the Stack ADT
class Stack:
    # Create stack
    def __init__(self):
        self._items = list()

    # If the stack is empty, return True
    def isEmpty(self):
        return len(self) == 0

    # Return the number of items
    def __len__(self):
        return len(self._items)

    # Return the top item
    def peek(self):
        assert not self.isEmpty(), "Cannot peek because of the stack is empty"
        return self._items[-1]

    # Return the top item and remove the top item
    def pop(self):
        assert not self.isEmpty(), "Cannot pop because of the stack is empty"
        return self._items.pop()

    # Push an item
    def push(self, item):
        self._items.append(item)

a=Stack()
a.push(1)
print(a.peek())
a.push(2)
print(a.pop())
print(a.isEmpty())
===================== stack1.py =========================
1
2
False
```

4. 单链表堆栈

对于具有大量入栈和出栈以及弹出操作的堆栈,基于 Python 列表的实现可能不是最佳选择。单个链表可以用于实现堆栈 ADT,它可以缓解对数组重新分配的担忧。在创建单个链表时,请参照下面的相关代码。

```python
class Stack(object):
    # Create a stack
    def __init__(self):
        self._top = None
        self._nsize = 0
        self.inner=self._stack_node()

    def isEmpty(self):
        return self._top is None

        # Return the number of items
    def __len__(self):
        return self.nsize

        # Return the top item
    def peek(self):
        assert not self.isEmpty(), "Cannot peek because of the stack is empty"
        return self._top

    # Return the top item and remove the top item
    def pop(self):
        assert not self.isEmpty(), "Cannot pop because of the stack is empty"
        node = self._top
        self._top = self.inner.next
        self._nsize -= 1
        return node


    # Push an item
    def push(self, item):
        self._top = self.inner.create (item, self._top)
        self._nsize += 1

    class _stack_node:
        def create(self, item, link):
            self.item = item
            self.next = link
            return self.item
a=Stack()
a.push(1)
a.push(3)
print(a.isEmpty())
print(a.peek())
print(a.pop())
print(a.peek())
a.push(2)
```

```
print(a.pop())
print(a.peek())
===================== stack2.py =====================
False
3
3
1
2
1
```

2.4.2　队列

如前所述,队列是将物理队列表示为数据存储的一种形式。它遵循先进先出(FIFO)的原则。然而,与堆栈不同,队列是在两端打开的。本节主要介绍相关的队列 ADT,以及如何使用 Python 列表、环形数组和链表来构造队列 ADT。

 学习目标

理解什么是队列,并理解相关的 FIFO 概念。

注意队列的基本操作。

 主要内容

要　点

● 队列的两端都是开放的。一端通常用于插入数据(入队),另一端用于删除数据(出队)。

● 队列遵循先进先出的方法,这表明首先存储的数据项将是第一个被访问的。

重点名词

● 入队(Enqueue):在队列尾端添加一个项。

● 出队(Dequeue):从队列前端移除一个项。

● 队首指针(Front Pointer):包含队列的起始元素。

● 队尾指针(Rear Pointer):包含队列的结束元素。

● FIFO(First-In-First-Out):先进先出的概念,任何先添加到队列的东西都会先被删除。

● 链表(Linked List):将前端和末端元素链接在一起的列表。

● 环形数组(Circular Array):一个圆形的列表,它的结束元素与起始元素相连。

1. 队列 ADT

队列是一种数据结构,它是项的线性集合,遵循先进先出的方法。在队列的一端添加新项,在队列的另一端删除现有项。这些项的顺序始终与其添加到结构中的顺序保持一致。

下列包含与队列 ADT 相关的操作:

queue():创建一个新的空队列,不包含任何项。

isempty():返回一个布尔值来表明队列是否为空。

len():返回队列中项目的数量。

enqueue(item):将给定项添加到队列的末尾。

dequeue():从队列中移除并返回第一项。在空队列中无法推出任何内容。

Python 列表是队列最简单的形式。其代码如下所示：

```
# Using a python list to construct the Queue ADT
class Queue:
    # Create a queue
    def __init__(self):
        self._q_list = list()

    def isEmpty(self):
        return len(self) == 0

    # Return the number of items
    def __len__(self):
        return len(self._q_list)

    # Insert a item to the queue
    def enqueue(self, item):
        self._q_list.append(item)

    # Return the first item and remove it from the queue
    def dequeue(self):
        assert not self.isEmpty(), "Cannot dequeue because the queue is empty."
        return self._q_list.pop(0)

a=Queue()
a.enqueue(1)
a.enqueue(9)
print(a.dequeue())
print(a.dequeue())
print(a.isEmpty())
====================== queue1.py ==========================
1
9
True
```

2. 环形数组

环形数组是一种比 Python 列表更有效的队列形式。顾名思义，它是一种循环队列的形式。其代码如下所示：

```python
class Array:
    def __init__(self):
        pass
    def create(self,size):
        return [None]*size
# Using a circular list to construct the Queue ADT
class Queue:
    # Create a queue
    def __init__(self, max_size):
        self._count = 0
        self._front = 0
        self._back = 0
        self._back = max_size -1
        self._array = Array.create(self, max_size)

    def isEmpty(self):
        return self._count == 0

    def isFull(self):
        return self._count == len(self._array)

    # Return the number of items
    def __len__(self):
        return len(self._q_list)

    # Insert a item to the queue
    def enqueue(self, item):
        assert not self.isFull(), "Cannot enqueue because the queue is full."
        max_size = len(self._array)
        self._back = (self._back + 1) % max_size
        self._array[self._back] = item
        self._count += 1

    # Return the first item and remove it from the queue
    def dequeue(self):
        assert not self.isEmpty(), "Cannot dequeue because the queue is empty."
        item = self._array[self._front]
        max_size = len(self._array)
        self._front = (self._front + 1) % max_size
        self._count -= 1
        return item

a=Queue(2)
a.enqueue(1)
a.enqueue(2)
print(a.isFull())
```

```
print(a.dequeue())
print(a.dequeue())
print(a.isEmpty())
===================== queue2.py =========================
True
1
2
True
```

3. 链表

链表是最有效的队列形式。其代码如下所示:

```
class Node(object):
    def __init__(self, item):
        self.item = item
        self.next = None
# Using a linked list to construct the Queue ADT
class linked_list:
    def __init__(self):
        self.__head = None

    def is_empty(self):
        return self.__head is None


# Insert an item to the queue
    def enqueue(self, item):
        new = Node(item)
        if self.__head is not None:
            new.next = self.__head
        self.__head = new


# Return the first item and remove it from the queue
    def dequeue(self):
        t = self.__head
        if self.__head is not None:
            if self.__head.next is None:
                self.__head = None
            else:
                while t.next.next is not None:
                    t = cur.next
                t.next,t = (None, t.next)
        return t.item


a=linked_list()
a.enqueue(1)
a.enqueue(3)
```

```
print(a.dequeue())
print(a.dequeue())
print(a.is_empty())
===================== queue3.py =========================
1
3
True
```

2.5　搜索和排序

　　搜索和排序是两个最常见的计算机科学应用程序,涉及在集合中搜索特定的项,还包括对要搜索的项进行排序。本节所涉及的准则已在前一章中进行过探讨。

2.5.1　搜索

　　本节主要介绍两种不同的搜索技术:线性搜索和二分搜索,并包括相关的论证。

 学习目标

　　了解搜索和排序的基本定义。

　　了解线性搜索的函数。

　　理解执行线性搜索时的基本操作"if-else"。

　　了解二分搜索是做什么的,以及该机制是如何执行的。

　　了解分治原则(Divide-and-Conquer Principle),并注意其机制。

 主要内容

要　点

- 搜索是根据特定标准从一组数据中选择任何特定信息的过程。
- 线性搜索是一种沿着列表序列进行迭代的搜索技术。
- 二分搜索是一种一次搜索一半列表的搜索技术。
- 排序是对一组项目进行排序的过程,使每个项目及其后续项目满足规定的关系。

重点名词

- 顺序搜索(Sequence Search):通过搜索键按顺序找到一个项目的过程。
- 搜索键(Search Key):用于标识一个集合中的数据元素的唯一值。这有助于顺序搜索过程识别特定的项。
- 排序键(Sort Key):指的是一个特定的值,在排序过程中,项目的排序基于这个值。
- if-else:一个条件参数指定两个交替的条件。
- 二分搜索算法(Binary Search Algorithm):一种一次搜索一半列表的搜索算法。
- while 循环:一个基于布尔语句重复迭代的循环。
- if-else-elif:指定三种或三种以上条件类型的参数。

1. 线性搜索

线性搜索是一种搜索技术,它沿列表顺序迭代,每次会迭代一项,直到找到特定的项。循环语句和 if-else 语句可用于执行迭代线性搜索。if-else 语句的工作方式如下:"if"设置条件,当该元素可以在数组中找到时,将打印相应的语句;"else"设置的是 if 语句不被满足时的条件,它可以被视为数组中找不到该元素。因此,如果元素不在数组中,则输出另一条语句。请参阅下面的代码:

```
if element in arrayA:
    print("The element is in arrayA.")
else:
    print("The element is not in the arrayA.")
```

要在给定数组中运行搜索,可以使用 for 循环,如下所示。for 循环沿着列表中的元素运行 if-else 参数。

```
def linearSearch(values, target ):
    n = len(values)
    for i in range(n):
        # If the target is in the values, return True
        if values[i] == target
            return True
    return False  #If not found, return False
```

2. 二分搜索

二分搜索是一种更复杂的搜索算法。该搜索使用一个已排序的项序列,并首先将目标值与中间的项进行比较。如果中间项更大,那么搜索将继续在左半部分,反之亦然。通过识别中间项并将其与我们正在搜索的项的值进行比较,新一轮搜索再次开始。每次都在剩余序列的目标长度的 50% 上进行搜索,直到最终找到索引。相关代码通常包含一个 while 循环,后面跟着 if-elif-else 参数。

在下面的流程图中,while 循环是一个无限参数。while 循环将首先测试条件,在本例中,如图 2.3 中的条件 1 所示。如果条件 1 为真,则该语句将重复执行,直到其他运算符将其打破。

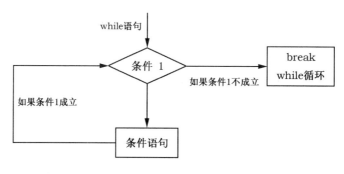

图 2.3　while 循环

我们使用 if-else-elif 语句来设置执行循环的条件,if-else-elif 的用法很简单,可以参考 if 语句来推出。如果 if 语句的条件没有满足,则继续执行 else 语句。如果发现 if 和 else 语句中的条件都没有满足,则转移到 elif 语句。

二分搜索的工作原理是识别中点(mid-points)。当每个中点被识别时,将搜索其中的一半。如果没有找到目标序列,则剩余的段将被减半,然后在一半的段中进行类似的搜索。此搜索将继续进行,直到找到目标段为止。因此,该术语被定义为一种分而治之策略,因为列表被分成一半,每一半都被搜索,直到找到目标。下面的代码演示了如何执行搜索。

```python
def binarySearch(values, target):
    low = 0
    high = len(values) - 1

    while low <= high :
        mid = (high + low) // 2
        if values[mid] == target:
            return True
        elif target < values[mid]:
            high = mid - 1
        else:
            low = mid + 1
    return False
```

2.5.2　排序

常见的排序方法包括冒泡排序、选择排序和插入排序。本节主要涉及以更有组织的方式排列元素列表。

 学习目标

理解冒泡排序是做什么的,以及它的工作原理。

探索与执行冒泡排序相关的算法代码。

理解选择排序是如何执行的,以及相关的 Python 代码。

理解插入排序是如何执行的。

 主要内容

要　点

● 冒泡排序是一种基于比较的排序算法,它比较相邻的元素并交换错误顺序的元素。

● 冒泡排序不适合大数据集。

● 选择排序的工作原理是扫描所有元素,选择所需的元素,并重新安排它们在一个单独的列表中。

● 插入排序是沿列表顺序进行的,任何没有按顺序排列的元素将与其他本应该在这个位置上的元素进行调换。

重点名词

- 冒泡排序（Bubble Sort）：一种重新排列相邻对的排序形式，每次一对。
- 选择排序（Selection Sort）：将列表从最小到最大进行排序。
- 插入排序（Insertion Sort）：将错误位置的元素与正确位置的元素进行交换的排序。

1. 冒泡排序

冒泡排序是通过改变相邻元素的顺序来实现的。例如，假设排序要求是确保一个数字列表递增进行，在这种情况下，冒泡排序将比较每一对相邻的数字，不断将较小的数字移到左边，较大的数字移到右边。完成排序后，列表将重新排列为升序或降序。图 2.4 说明了这一原理，"2"和"3"被邻接交换以确保获得所需的顺序。

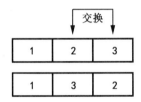

图 2.4　冒泡排序原理

下面的例子包含执行冒泡排序的 Python 代码。注意，len()运算符首先用于定义要排序的列表总容量，然后使用 for 循环与 if 语句一起构成整个列表排序的条件。

```
def bubble_sort(arr):
    n = len(arr)
    for i in range(n-1):
        for j in range(n-i-1):
            if arr[j] > arr[j+1]:
                a[j],a[j+1]=a[j+1],a[j]
a=[67,90,5,6,76,34,2]
bubble_sort(a)
print(a)
===================== bubblesort.py =======================
[2,5,6,34,67,76,90]
```

2. 选择排序

选择排序是这样工作的：它选择元素并按照我们想要的顺序排列它们，它的工作原理是识别列表范围内的最小元素，从主列表中选取每个最小的元素并插入空白列表中，直到所有原始列表元素都被排序到一个新列表中。

```
def selection_sort(arr):
    n = len(arr)
    for i  in range(n):
        low_index = i
        for j in range(i+1, n):
            if arr[j] < arr[low_index]:
                low_index = j
        arr[i],arr[low_index]=a[low_index],arr[i]
a=[67,90,5,6,76,34,2]
selection_sort(a)
print(a)
===================== selectionsort.py =======================
[2, 5, 6, 34, 67, 76, 90]
```

步骤总结如下:

步骤 1:设置 low_index 为位置 0。

步骤 2:查找列表中最小的元素。

步骤 3:交换位置为 MIN 的值。

步骤 4:low_index 递增以指向下一个元素。

步骤 5:重复步骤 1 至 4,直到列表排序完成。

3. 插入排序

排序的最后一种形式是插入排序,它按顺序从列表下方选取项,并将它们插入所需的顺序中。插入排序操作沿列表顺序向下执行,同时将错误定位的元素与正确的元素交换。交换的元素不必像我们在二分排序中看到的那样相邻。

Python 代码背后的键包含一个带有实际参数的 while 循环,运算符表示必须满足这两个参数才能使 while 条件为 true。下面演示了插入排序是如何编码的。与其他列表排序一样,首先使用 len()运算符定义总容量,然后使用 for 循环对列表进行操作。

步骤总结如下:

步骤 1:如果它是第一个元素,则已经排序,返回 1。

步骤 2:选择下一个元素。

步骤 3:与排序后的子列表中的所有元素进行比较。

步骤 4:移动已排序子列表中大于待排序值的所有元素。

步骤 5:插入值。

步骤 6:重复执行,直到列表排序完成。

```
def insertion_sort(arr):
    n = len(arr)
    for i in range(1, n):
        value = arr[i]
        index = i
        while index > 0 and value < arr[index - 1]:
            arr[index] = arr[index - 1]
            index -= 1
        arr[index] = value
a=[67,90,5,6,76,34,2]
insertion_sort(a)
print(a)
===================== insertionsort.py =========================
[2, 5, 6, 34, 67, 76, 90]
```

4. Python 的内置排序

Python 列表有一个内置的 sort()方法可以就地修改列表,还有一个内置函数 sorted()可以通过迭代构建一个新的排序列表。[①] 若在 Python 编程中,我们建议直接使用 Python 的排序。Python 的内置排序算法为 Timsort,它是一个特定版本的合并排序(Merge Sort),它的时间复杂度为 O(nlog n)。而冒泡排序、插入排序和选择排序的最坏情况以及平均时间复杂度都是 $O(n^2)$。因此,使用 Python 内置排序是一种更有效、更优化的选择。

```
>>> sorted([4, 5, 3, 1, 2])
[1, 2, 3, 4, 5]
>>>a=[4, 5, 3, 1, 2]
>>>a.sort()
>>>a
[1, 2, 3, 4, 5]
```

5. 在金融领域的应用案例

在理解了数据结构和算法后,我们可以将它们应用到实际的金融实例中。使用 Python 编程来解决问题主要有两个步骤。我们首先要做的是说明它的数据结构和需要使用的算法。下面介绍蒙特卡罗模拟股票价格和隐含波动率的二分搜索。

6. 蒙特卡罗模拟股票价格

蒙特卡罗是预测金融中不确定事件的标准方法。若原始数据是价格序列,则应该存储在一个列表中。蒙特卡罗的核心算法是重复随机抽样得到的结果。我们对重复的过程使用循环语句。结果如图 2.5 所示。

---

① Sorting Mini-HOW TO,Mar 3,2021,accessed from https://wiki. python. org/moin/HowTo/Sorting.

```python
import pandas as pd
from matplotlib import style
import numpy as np
import datetime as dt
import pandas_datareader.data as web
import matplotlib.pyplot as plt

style.use('fast')

# get GOOGLE stock prices from yahoo
prices = web.DataReader('GOOG','yahoo', dt.datetime(2020,1,1),
dt.datetime(2020,12,31))['Adj Close']
returns = prices.pct_change() # getting returns
last_p  = prices[-1]
# simulation
simulation_times = 1000
trading_days = 252
simulate_data = pd.DataFrame() #dataframe for simulation results

for k in range(simulation_times):
    count=0
    daily_volatility = returns.std() # calculate daily volatility
    price_series = []
    # simulate price under the assumption of normal distribution
    price = (1+np.random.normal(0,daily_volatility))*last_p
    price_series.append(price)

    for i in range(trading_days-1):
        price=(1+np.random.normal(0,daily_volatility))*price_series[count]
        count+=1
        price_series.append(price)

    simulate_data[k] = price_series

fig = plt.figure()
fig.suptitle('Monte Carlo Simulation')
plt.plot(simulate_data)
plt.show()
```

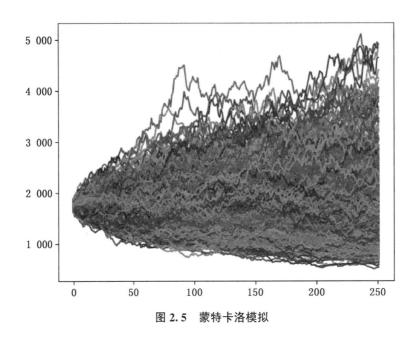

图 2.5　蒙特卡洛模拟

7. 隐含波动率的二分搜索

得到隐含波动率的数据包括五个变量：期权市场价格、股票标的价格、履约价格、到期日和无风险利率。计算隐含波动率的方法主要有迭代法和试错法。在结合这两种方法检查特定范围内的隐含波动率之前，我们学习了二分搜索。当精度达到 0.000 1 时，我们找到了隐含波动率的近似值。

```python
from scipy import log,exp,sqrt,stats

# Black-Scholes-Merton model
def BSM_Call(S,X,T,r,sigma):
    d1 = (log(S/X)+(r+sigma*sigma/2)*T)/(sigma*sqrt(T))
    d2 = d1-sigma*sqrt(T)
    return S*stats.norm.cdf(d1)-X*exp(-r*T)*stats.norm.cdf(d2)


# binary search for implied volatility
def implied_vol_bi_search(S,X,T,r,c):
    vol_l=0.001
    vol_h=1.0
    c_low=BSM_Call(S,X,T,r,vol_l)
    c_high=BSM_Call(S,X,T,r,vol_h)
    # if the given call price is unreasonable,
    # we would jump out of the function.
    if c_low>c or c_high<c:
        print("wrong option price")
        return 0,0,0
    while abs(c_high-c_low)>0.0001:
```

```
      c_high=BSM_Call(S,X,T,r,vol_h)
      c_low=BSM_Call(S,X,T,r,vol_l)
      vol_mid=(vol_l+vol_h)/2
      c_mid=BSM_Call(S,X,T,r,vol_mid)
      if c_mid>c:
      # if the price being checked is greater than the actual price,
      # the implied volatility should fall in the lower range.
         vol_h=vol_mid
      else:
      # if the price being checked is smaller than the actual price,
      # the implied volatility should fall in the higher range.
         vol_l=vol_mid
   return vol_mid, c_low, c_high


S=65;X=60;T=0.5;r=0.03;c=7.0
volatility,c_Low,c_High=implied_vol_bi_search(S,X,T,r,c)
print("Volatility{:.6f}, cLow:{:.6f}, cHigh:{:.6f}".format(volatility,c_Low,c_High))

==================== implied_volatility.py ========================
Volatility0.185056, cLow:6.999979, cHigh:7.000030
```

参考文献/拓展阅读

[1]Breiman L(2001),Statistical Modeling:The two cultures,*Statistical Science*,16(3),199-231.

[2]Necaise R D(2010),*Data Structures and Algorithms Using Python*,Wiley Publishing.

[3]NUS Course CS2040c,Data Structures and Algorithms,https://www. comp. nus. edu. sg/~stevenha/cs2040c-sem1. html#intro.

数据结构和算法教程

[1]https://www. tutorialspoint. com/data_structures_ algorithms/index. htm

[2]http://examradar. com/data-structure-mcq-set-9/

[3]https://wiki. python. org/moin/HowTo/Sorting

[4]Yan Y(2014),*Python for Finance*,Packt Publishing.

[5]Ma W(2015),*Mastering Python for Finance*,Packt Publishing.

练习题

习题一

一篇文章的 PDF 文件包括一些关于它创建的时间和作者姓名的信息。这是(　　)数据的例子。

A. 结构化　　　　　　　B. 非结构化　　　　　　　C. 半结构化

习题二

根据公式 $F_n = F_{n-1} + F_{n-2}$，可以推出（　　　）。

A. 阿姆斯特朗数　　　　　B. 斐波纳契数列　　　　　C. 欧拉数

习题三

下列涉及将数据类型的属性（其值和操作）与该数据类型实现分离的一组数据值和相关操作的是（　　　）。

A. 堆栈和队列　　　　　B. 哈希表　　　　　C. 抽象数据类型

习题四

下列不是原始数据结构的一种形式的是（　　　）。

A. 布尔　　　　　B. 整数　　　　　C. 数组

习题五

在复杂性理论中不存在的情况是（　　　）。

A. 最优　　　　　B. 空　　　　　C. 最坏

习题六

平均情况场景发生在（　　　）。

A. 项目是数组中的第一个元素

B. 项目在链表的中间

C. 项目在数组的中间

习题七

渐近估计中的 Θ 表示（　　　）。

A. 最优情况　　　　　B. 平均情况　　　　　C. 最坏情况

习题八

下列会准确地访问每条记录一次，以便进行所需操作的是（　　　）。

A. 插入　　　　　B. 删除　　　　　C. 遍历

习题九

证明下列切片操作正确结果的是（　　　）。

```
listA = [4,12,2,34,17]
listB = listA[0:2]
print(listB)
```

A. −4,12　　　　　B. −4,12,2　　　　　C. −34,17

习题十

列表和数组的主要区别是（　　　）。

A. Python 的列表结构是一个可变序列容器，可以随着添加或删除项而改变大小；数组则保存固定数量的相同类型的项

B. 数组是一个可变序列容器，可以改变项目的大小、添加或删除；Python 的列表则包含固定数量的相同类型的项

C. 没有区别

习题十一

线性搜索算法的最坏情况时间复杂度是（　　）。

A. O(1)　　　　　　　　B. O[log(n)]　　　　　　　C. O(n)

习题十二

要使二分搜索算法工作,数组(列表)必须是(　　)。

A. 排序　　　　　　　　B. 无序　　　　　　　　C. 在堆中

习题十三

(　　)搜索技术可以处理数据,而不是按排序的形式。

A. 二分　　　　　　　　B. 插值　　　　　　　　C. 线性

习题十四

二分搜索的最佳运行时复杂度为 O(log n),那么在最坏情况下,复杂度是多少呢?

A. O(n)　　　　　　　　B. O(n^2)　　　　　　　C. O(n^3)

习题十五

(　　)的搜索效率为 O(1)。

A. 树　　　　　　　　B. 链表　　　　　　　　C. 哈希表

习题十六

每次冒泡排序迭代后会出现(　　)。

A. 至少有一个元素处于其排序位置

B. 下次迭代少做一次比较

C. A 和 B 都是正确的

习题十七

(　　)排序算法维护两个子列表。这两个子列表一个已排序,另一个待排序。

A. 选择　　　　　　　　B. 插入　　　　　　　　C. A 和 B 都是正确的

习题十八

push()和 pop()函数可以在(　　)中找到。

A. 队列　　　　　　　　B. 列表　　　　　　　　C. 堆栈

习题十九

循环链表可用于(　　)。

A. 堆栈　　　　　　　　B. 队列　　　　　　　　C. 堆栈和队列

习题二十

关于"链表是动态结构"这句话的陈述是否正确?(　　)

A. 正确　　　　　　　　B. 错误　　　　　　　　C. 不能确定

参考答案

习题一

选项 C 是正确的。

PDF 文件本身就是一个非结构化数据的例子。有了元数据后,它就变成了半结构化的数据文件。

习题二

选项 B 是正确的。

取 n，你会得到斐波那契数列。

习题三

选项 C 是正确的。

ADT 可以将操作与实现分离。

习题四

选项 C 是正确的。

数组表示元素的集合，而不是原始数据结构。

习题五

选项 B 是正确的。

最好情况、最坏情况和平均情况是三种可用情况。

习题六

选项 C 是正确的。

数组的中间部分决定了平均情况，而不是链表。

习题七

选项 A 是正确的。

根据定义，选择最优情况。

习题八

选项 C 是正确的。

插入函数即插入项目，删除函数则删除项目。只有遍历满足定义。

习题九

选项 A 是正确的。

[0：2]提取项目 4 和 12，分别位于位置 0 和 1。位于位置 2 的项目不包括在内。

习题十

选项 A 是正确的。

Python 列表可以改变它的大小。但是，数组的容量是固定的。

习题十一

选项 C 是正确的。

线性搜索在最坏情况下性能是 O(n)。O(1)是在最佳情况下的性能。O(log n)表示二分搜索而不是线性搜索的最佳情况复杂度。

习题十二

选项 A 是正确的。

必须先进行排序。回想一下先找到中点时的分治概念。

习题十三

选项 C 是正确的。

二分搜索需要排序。本文未介绍插值搜索。线性需要排序。

习题十四

选项 A 是正确的。

O(n)表示最坏情况复杂度。

习题十五

选项 C 是正确的。

在给定的选项中,理想情况下哈希表有着最好的搜索效率。

习题十六

选项 A 是正确的。

冒泡排序可以成对地进行排序,将一个排到一个已排序的位置,而将另一个留到下一个排序。

习题十七

选项 C 是正确的。

选择排序和插入排序都维护两个子列表。一个列表包含已排序的项,而另一个列表的项则进行排序。已排序的元素将被转移到已排序的列表中。

习题十八

选项 C 是正确的。

堆栈包含这两个函数。

习题十九

选项 C 是正确的。

由于结构原因,两者都可以使用。

习题二十

选项 A 是正确的。

2

第二部分

数据管理1：大数据和数据科学

第 3 章　大数据

3.1　引　言

3.1.1　历史简述

大数据最近才崭露头角,而数据一直存在于人类历史中。本节对大数据和关键事件的时间线做了简要概述。

学习目标

了解大数据的重要里程碑。

主要内容

要　点

● 大数据是指比常规数据更大、更多样化、更复杂的海量数据集。
● 如今,技术已经发展到可以读取和解释如此大的数据集的程度。

重点名词

● 大数据(Big Data):具有大型、更多样化和复杂结构的海量数据集。
● 在线分析处理(Online Analytical Processing,OLAP):一种数据库管理过程,它将复杂的查询应用于历史数据以进行数据分析。
● 边缘计算(Edge Computing):云上的分布式计算允许计算和数据存储更靠近需要的位置,这提高了响应时间,并为数据中心节省了带宽。

1. 什么是大数据?

大数据是一个与大数据集相关的术语,具有更大的、更多样的和复杂的结构,难以使用传统数据进行存储、分析和可视化。罗杰·穆加拉斯(Roger Mougalas)在 2005 年创造了"大数据"这一名词。

2. 大数据的历史

(1)大数据 1.0。大数据起源于数据库和数据库管理这一长期存在的领域。数据库管理和数据仓库被认为是大数据 1.0 阶段的重点,它们通过查询、联机分析处理(OLAP)和标准报告工具为大数据的形成提供基础。

(2)21 世纪以前的数据存储。无论是存储在纸上，还是存储在芯片上，数据在历史上一直存在。人类总是需要把信息保存在某个地方，只是方法不同而已。当存储方法不断改进以存储越来越多的数据时，为了提高效率和功效，从数据中整理和提取有价值信息的方法也需要不断进化。20 世纪计算机和互联网的引入，给每个人带来了信息的冲击。

(3)大数据 2.0。大数据 2.0 阶段始于 21 世纪初，当时互联网和网络的出现提供了新的数据源。Web2.0 导致了半结构化和非结构化数据(将在后面的章节中介绍)的大量增长，这给寻找适当的方法来存储和分析这些数据带来了挑战。

2005 年，有报道称在创建内容和数据方面发生了范式转换。Web2.0 引入了用户生成网络的思想，由被服务的用户而不是服务的提供者创建大部分内容。YouTube 和 Facebook 是 Web2.0 的主要例子。由此产生的大量数据被称为大数据，能够首先解释和利用这些数据的实体将获得巨大的利益。Hadoop 也是这一年作为一个管理此类非结构化数据的架构而被创造的。[①]

2008 年，互联网连接设备的数量超过了世界人口。[②]全球服务器当年处理的信息量约为每人每天 12GB。[③]同时，企业也开始存储数据，数据被视为一种资产。根据麦肯锡的一份报告，在 2009 年，拥有 1 000 多名员工的美国公司平均保存了 200TB(200 000GB)的数据。[④]

(4)大数据 3.0。大数据 3.0 阶段始于 2010 年左右，一直持续到今天。网络不再提供新的数据源，而是由被称为物联网(IoT)的设备连接到互联网(尤其是由推动数据收集的移动设备来提供)。这为数据分析带来了一系列新的机会。

从 2011 年开始，许多行业，尤其是科技行业，开始拥抱大数据。以下是这一阶段大数据的重要事件：

①2011 年，IBM 的 Watson 在几秒钟内分析了 4TB 的数据，在游戏节目"Jeopardy!"中赢了两名人类玩家。[⑤]

②同年，Facebook 启动了开放计算项目，以促进共享节能数据中心的规范。

③2015 年，Google 和 Microsoft 领导了大规模的数据中心建设，华为、腾讯与阿里巴巴一起在中国进行了大规模的数据中心建设。所有这些领先的数据中心运营商都在 2018 年开始向 400G 的数据速度迁移。

④最近，云上的分布式计算实现了更接近所需位置的计算和数据存储，提高了响应时间，并为数据中心节省了带宽。这项技术被称为边缘计算。边缘计算正在改变云在经济关键领域的角色。

---

①②⑤ GCN(2013)，Tracking the evolution of big data：A timeline，https://gcn. com/articles/2013/05/30/gcn30-timeline-big-data. aspx.

③　Short J，Bohn R &. Baru C，Enterprise Server Information(2010)，How Much Information，https://www. clds. info/uploads/1/2/0/5/120516768/hmi_2010_enterprisereport_jan_2011. pdf.

④　Manyika J，Chui M，Brown B，et al. ，McKinsey Global Institute(2011)，Big data：The next frontier for innovation，competition，and productivity，https://www. mckinsey. com/business-functions/mckinsey-digital/our-insights/big-data-the-next-frontier-for-innovation.

3.1.2　大数据的类型

数据有多种形式,大数据也不例外。大数据可以分为三类。

 学习目标

理解大数据的三种类型。

 主要内容

要　点

● 大数据有三种类型:结构化、非结构化和半结构化。

重点名词

● 结构化数据(Structured Data:):有固定格式和字段的数据。

● 非结构化数据(Unstructured Data):不遵从固定格式的数据。

● 半结构化数据(Semi-Structured Data):兼具结构化和非结构化数据特征的数据。

1. 结构化数据

结构化数据指固定字段的数据,它具有定义明确的结构。它遵循一致的顺序和设计方式,使其易于进入、存储、查询和分析。结构化数据的劣势也是它的优势所在。由于结构化数据是固定的,因此没有空间来管理和评估事先未预先定义的响应。

结构化数据的例子包括:

● 元数据(时间、创建日期、文件大小、作者等)

● 图书馆目录

● 人口普查记录

● 经济数据

● 电话号码

2. 非结构化数据

非结构化数据,即没有固定格式或响应的信息,或不容易分类的信息。非结构化数据的优势在于,存在大量尚未分析的此类数据,有潜在的未开发的资产。考虑到 Web2.0 每天都会产生大量这样的数据,它可能会成为公司巨大的收入驱动力。缺点则是它的非结构化特性使得传统的数据库管理系统很难分析和筛选出有意义的内容。

非结构化数据的例子包括:

● 文本文件(演示文稿、研究论文、报告等)

● 社交媒体

● 照片

● 短信

● 媒体

● 网站

● 电子邮件正文

3. 半结构化数据

半结构化数据是这两者的结合,它是一种没有严格的数据模型结构的结构数据形式。非结构化数据(如照片和视频)可以附加元数据,以便用结构化数据(如作者姓名、创建日期和 GPS 位置)标记它们,使它们成为半结构化数据。这使得组织这样的数据成为一个更简单的过程,因为它们可以根据其结构化数据来组织。

4. 结构化数据和非结构化数据的特点

表 3.1 总结了结构化和非结构化数据之间的异同。

表 3.1   结构化和非结构化数据的区别

类　型	结构化数据	非结构化数据
灵活性	模式严格	没有模式,非常灵活
可扩展性	扩展数据库模式困难	可扩展性高
稳健性	稳健	—
查询性能	结构化查询允许复杂连接	仅可进行文本查询
可达性	易于访问	难访问
可利用性	百分比低	百分比高
关联性	有组织的	分散的
分析	分析效率高	需要额外的预处理
外观	正式定义	形式自由

5. 机器和人工生成数据

表 3.2 给出了一些机器生成和人工生成的数据例子。

表 3.2   机器和人工生成数据

机器生成	
结构化数据源	非结构化数据源
传感器数据:ID 标签、GPS 数据和来自设备的属于这一分类的其他结构化数据。这些来源的数据可用于供应链管理和库存控制等	卫星图像:尽管卫星图像是非结构化的,但它可以用于许多情况,如天气预报或谷歌地图等地图技术
Weblog 数据:服务器、应用程序和网络也接收和生成大量结构化数据,这些数据可用于服务器管理和数据安全检查	科学数据:许多非结构化数据如地震图像和高能物理被用于科学研究,通过大数据分析得出令人印象深刻的新结论
销售点数据:销售时会产生大量数据,包括产品的条形码和付款方式的详细信息	媒体:监控设备生成大量用于各种用途的非结构化数据
金融数据:上市交易的股票信息,如股票名称、股价等,都是金融行业使用的结构化数据	—
人工生成	
结构化数据源	非结构化数据源
输入数据:年龄、收入、性别和姓名等调查结果都是人工生成的结构化数据	公司文本:电子邮件和报告是生成非结构化数据以供分析的数据源的示例

续表

结构化数据源	非结构化数据源
Clickstream 数据：用户点击网站链接时产生的数据	社交媒体：这种数据是在人类用户与 YouTube、Instagram 和 Facebook 等平台交互时生成的
游戏相关数据：用户通过输入来导航游戏的行为以结构化数据记录和分析	移动数据：短信和位置信息是通过移动设备收集的非结构化数据

3.2　大数据的特点

大数据的特点可以从多个角度来概括。

 学习目标

了解大数据 5V 和 8V 的重要性。

 主要内容

要　点

● 大数据有 5V 特性：Volume（海量）、Variety（多样性）、Velocity（速度）、Value（价值）、Veracity（准确性）。

● 从更广泛的意义上讲，大数据有额外的 3V 特性：Visualisation（可视性）、Viscosity（黏性）、Virality（扩散性）。

重点名词

● Volume（海量）：实体收集的用于分析的数据总量。

● Velocity（速度）：数据处理率和数据采集率。

● Variety（多样性）：收集数据的类型以及来源。

● Value（价值）：这些数据为公司增加了多少价值。

● Veracity（准确性）：数据的可靠性如何。

● Visualization（可视化）：以有意义的方式表示或可视化数据。

● Viscosity（黏性）：数据量中的流动阻力。

● Virality（扩散性）：数据传播和共享的速度。

2001 年，麦塔集团（MetaGroup）向数据科学家和分析师介绍了 3D 数据的 3 个 V，即 Volume（海量）、Velocity（速度）和 Variety（多样性）。

数据分析作为一个领域，见证了过去十年数据的获取和处理方式的巨大变化。这一演变的一部分是，数据在规模上不断扩大，开始被称为大数据。随着数据以天文数字式增长，高德纳（Gurtner，即原来的麦塔集团）在数据处理概念中增加了两个新的 V：Value（价值）和 Veracity（准确性），大数据的 5V 由此而来。

在一个从交易到参与再到体验的时代，社交媒体、移动、云和物联网的力量又增加了在探求见解时应加以考虑的三大数据特征[①]：Visualisation(可视性)、Viscosity(黏性)和 Virality(扩散性)。与 5V 一起，我们通常称之为大数据的 8V(如图 3.1 所示)。

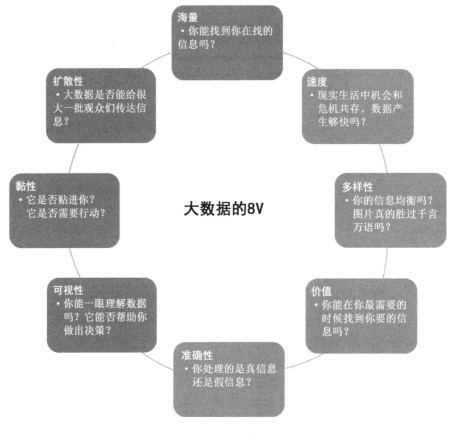

图 3.1   大数据的 8V

1. Volume(海量)

Volume(海量)指的是生成的或可用于分析的数据的数量。顾名思义，首先，好的大数据有大量的数据要分析。然后，必须使用这些数据获取重要信息，如果没有，则不应将其视为数据的一部分。

例如，猫的图片数据集的量会大于橙色猫的数据集的量，因为橙色猫是猫的子集。

2. Velocity(速度)

Velocity(速度)指随着时间的推移创建数据的速度及其处理速率。变化率、活动爆发和不同的链接速度等数据集只是速度的一个方面。

例如，通勤数据记录了上班的活动过程。它包括人们在哪里工作，从什么时候开始出发(比如从家到工作场所)，他们用什么交通工具到达那里，以及需要多长时间。通勤数据的速度反映了一天内高峰时段的人气爆发程度。

———————————

①   R "Ray"Wang(2012)，Beyond The Three V's of Big Data-Viscosity and Virality，https：//www. enterpriseirregulars. com/46120/beyond-the-three-vs-of-big-data-viscosity-and-virality/.

3. Variety(多样性)

Variety(多样性)是指收集的数据类型:结构化、非结构化和半结构化。过去,数据是从更多的固定点生成的,如公司调查或月度报告。如今,有了 Web2.0,用户可以自己创建数据,也可以从电子邮件和社交媒体等各种来源获取数据。[①]

4. Value(价值)

Value(价值)指数据能给公司带来的附加值。数据价值取决于数据的类型、数据的其他特征(例如高准确性产生高附加值)、得出的结论以及它们所涵盖的事件。

5. Veracity(准确性)

Veracity(准确性)指数据用户可以信任数据的程度,也指管理者对数据结论的信任程度。准确性是当今商界领袖面临的一个挑战,三分之一的商业领袖不相信他们组织中用于决策的信息(Hiba 等,2015)[②]。

6. Visualization(可视性)

大数据分析并不意味着仅仅从数据中挖掘有意义的信息或模式。以有意义的方式表现或可视化是分析的另一种方式。使用合适的工具来服务于不同的参数有助于数据科学家、分析师和决策者更好地理解。

7. Viscosity(黏性)

Viscosity(黏性)用于测量数据量中的流动阻力。这种阻力可能来自不同的数据源、集成流动率带来的摩擦以及将数据转化为洞察力。

8. Virality(扩散性)

Virality(扩散性)描述了信息在人际网络中传播的速度。它用于测量数据传播和共享到每个网络唯一节点的速度。[③] 例如,近 70%的美国人至少使用一个社交媒体网络。把扩散性想象成指数曲线,如果两个互联的人共享一条信息,并且假设这个数字翻了 30 倍,那么将有超过 10 亿人分享了该内容。[④]

3.3 大数据架构

大数据架构涵盖了数据的收集、存储、保护、处理等多个环节,并通过特定的机制和方法将数据转换为可在数据库和文件系统中存储的结构化形式。大数据架构还需要工具来分析数据、理解数据,并最终在分析收集到的数据基础上做出智能决策。

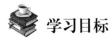 学习目标

了解大数据分析的架构及其组件。

---

① up"Grad"(2020),What is Big Data,https://www.upgrad.com/blog/what-is-big-data-types-characteristics-benefits-and-examples/ #Velocity.

② Shnain(2015),Big Data and Five V's Characteristics,https://www.researchgate.net/publication/332230305_BIG_DATA_AND_FIVE_V'S_CHARACTERISTICS.

③ Rafael(2019),How to Measure Virality,https://www.search-digital.com/social-virality.

④ Deep Patel(2017),10 Secrets to Going Viral on Social Media,https://www.entrepreneur.com/article/302286 #:~:text=Think%20of%20virality%20as%20an,a%20powerful%20tool%20for%20businesses.

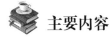

了解大数据库管理的三种类型。

主要内容

要　点
- 大数据架构有四层：数据来源、数据存储、处理和分析。
- 大型数据库管理有三种类型：集中式（Centralized）、分散式（Decentralized）和分布式（Distributed）。

重点名词
- 批处理（Batch Processing）：一种将数据集聚合在一起，使分析工具更易于管理数据的处理。

1. 大数据架构层次
大数据架构如图 3.2 所示。

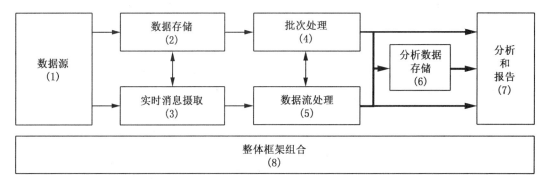

资料来源：Yaseen，2020。

图 3.2　大数据架构

（1）数据源（Data Source）。大数据分析总是从数据开始。数据源是指公司接收数据的渠道和接收数据的类型。根据这些数据是否具有 5V 或 8V 的特征，这些数据将被识别为常规数据（并转移到其他地方）或大数据。

数据源的例子有第三方数据提供者、公司服务器、卫星图像等。

（2）数据存储（Data Storage）。这个层面负责收集并处理来自不同来源的数据。如果接收到的数据是非结构化的，且不是分析工具可以处理的格式，则由组件将数据转换为可分析的格式。

例如，非结构化数据（如图像、音频、视频、社交媒体数据和传感器数据）可以存储在专门的文件系统中，如 NoSQL 数据库或 Hadoop 分布式文件系统（HDFS）。

（3）实时信息摄取（Real-Time Message Ingestion）。如果大数据来自实时数据源，那么数据存储架构组件可能无法充分收集和处理它。在这种情况下，架构应该包括一个实时消息摄取系统来管理流处理。

许多供应商会提供实时摄取工具。Apache Kafka 就是一个例子。Apache Kafka 是一个结合了消息、存储和数据处理的事件流平台。

（4）批处理（Batch Processing）。在某些情况下，数据源数据集是巨大的，并且不能在数据存储部分中充分准备。这时可以批处理以聚合数据集，从而使处理数据相较分析工具更易于管理。

批处理允许先将数据点分组，以便在特定的时间间隔内进行处理，然后创建新的输出文件。

批处理的一个例子是在 Azure Data Lake Analytics 中运行 U-SQL 作业，或者在 Hadoop 中运行自定义 Map/Reduce 作业。

（5）流处理（Stream Processing）。如果大数据解决方案是从实时数据源派生出来的，那么这个过程应该包括实时信息摄取，一旦接收到，就会进行流处理，对数据进行过滤、合并和准备分析。与批处理一样，输出接收器将生成最终输出以供分析。

（6）分析数据存储（Analytical Data Store）。与传统数据库不同，分析数据库以结构化的格式存储和管理大数据，以便进行进一步的商业智能分析。它们专门针对快速查询和可扩展性进行了优化。

（7）分析和报告（Analytics & Reporting）。最后，在数据接收和处理后，本部分将对数据进行分析和呈现，赋予接收到的信息意义。数据建模和分析服务将在这一部分完成，数据科学家和分析人员可以在此部分中与数据交互以探索数据。

（8）编排（Orchestration）。数据编排是数据驱动过程的自动化。它包括跨越架构两端的过程，如准备数据、基于数据做出决策以及基于该数据采取行动。

2. 集中式、分散式和分布式

随着数据量的急剧增加，一个明显的挑战是如何管理大型数据库，以便用户可以在需要时方便地访问和使用它。大型数据库可以分为三种类型：集中式、分散式和分布式，如图 3.3 所示。[①]

集中式（Centralized）：在一台计算机上维护所有数据，要访问这些信息，用户必须访问系统的主计算机，即"服务器"[②]。这种类型易于维护。

分散式（Decentralized）：没有中央存储器。一些服务器向客户端提供信息。两个客户端之间没有直接连接，只有服务器有连接。

分布式（Distributed）：没有数据存储。分布式数据库作为一个单一的逻辑数据网络工作，安装在位于不同地理位置的一系列计算机（节点）中，不与单个处理单元连接，但能够完全连接以提供从任何点获取信息的完整性和可访问性。在分布式数据库中，所有节点都包含信息，系统的所有客户端都处于同等的状态。这样，分布式数据网络就可以进行自主处理。区块链就是一个明显的例子，还有其他的例子，比如 Spanner——一个由 Google 创建的分布式数据库。从理论上讲，分布式数据库的维护更具挑战性。

---

① Andrew Tar（2017），Decentralized and Distributed Databases，explained from https://cointelegraph. com/explained/decentralized-and-distributed-databases-explained.

② Icommunity（2021），Distributed VS centralized networks，https://icommunity. io/en/redes-centralizadas-vs-distribuidas/.

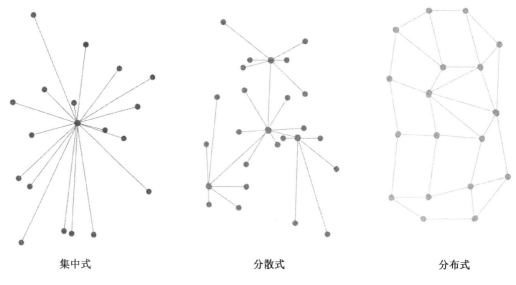

集中式   分散式   分布式

图 3.3   大型数据库类型

3.4   大数据技术

大数据的发展已经从 21 世纪初的概念基础上取得了重大进展。现在有多种工具或软件可以处理和分析大数据。

 学习目标

介绍流行的大数据工具和软件。

 主要内容

要　点

● 大数据技术通常有四个域：数据存储(Data Storage)、数据分析(Data Analytics)、数据挖掘(Data Mining)和数据可视化(Data Visualization)。

重点名词

● 域(Domin)：大数据技术的一个类别。

1. 大数据技术类型

大数据技术可以分为四个类型或域：数据存储、数据分析、数据挖掘和数据可视化。

(1)数据存储。数据存储技术帮助公司存储来自数据源的数据。

(2)数据分析。数据分析技术从数据集中提供见解或测试假设或模型。[①] 其理念是根据

---

① Educba(2020)，Difference Between Data Mining vs Data Analysis，https://www.educba.com/data-mining-vs-data-analysis/.

可用的数据创建商业决策。分析既可以用于结构化数据,也可以用于非结构化数据。

(3)数据挖掘。数据挖掘是从可能存储在数据库中的大数据中提出各种查询方式并获取可操作信息、模式和趋势的过程(Thuraisingham,1998)。与分析不同,数据挖掘旨在发现隐藏的模式或相关性,而不是测试模型。数据挖掘也主要是在结构化数据上进行。

(4)数据可视化。数据可视化工具旨在提供复杂数据的简单概述。它是数据预测的首选方法。

2. 可用的流行工具/软件

表 3.3 总结了大数据技术中流行的工具或软件。

表 3.3 可用的流行工具/软件

工具/软件	域	主要功能
Hadoop	数据存储	Hadoop 是一个开源软件的集合,旨在通过使用 MapReduce 编程模型的多台计算机的网络来解决大数据问题。它是大数据领域比较突出的工具之一。Hadoop 的核心在于其存储域,即 Hadoop 分布式文件系统(HDFS)
MongoDB	数据存储	MongoDB 是一个 NoSQL 数据库程序,支持字段、范围和正则表达式查询。它的核心是一个允许数据科学家跨平台运行应用程序的数据库。MongoDB 由 MongoDB 公司开发和维护
Hunk	数据存储	Hunk 的专长是采用虚拟索引和其他搜索处理语言(如 Splunk),并通过远程 Hadoop 集群访问数据,还可以根据用户的需要来报告或分析这些 Hunk 数据
Cassandra	数据存储	Cassandra 是一个免费的、开源的 NoSQL 分布式数据库管理系统。它的分布式特性具有内置的容错性,因为它不遵循单点故障机制
Presto	数据挖掘	Presto 可以使用其流行的开源和基于 SQL 的分布式查询引擎从存储域查询数据。Netflix 和 Facebook 是利用 Presto 数据挖掘域的公司
ElasticSearch	数据挖掘	ElasticSearch 是 ELK Stack(ElasticSearch、Logstash、Kibana)的重要组成部分,它允许用户从任何来源获取数据,以便实时搜索、分析和可视化。LinkedIn 和 Google 是使用 ElasticSearch 数据挖掘域的公司
Apache Kafka	数据分析	Apache Kafka 是一个异步消息传递代理系统,用于数据处理或实时流数据。它是最流行的流平台之一,拥有 Spotify 和 Twitter 用户
Splunk	数据分析	Splunk 是一个数据分析域,用于捕获、关联和索引实时流数据,并生成报告、图形和其他可视化输出
Apache Spark	数据分析	现在,Apache Spark 被认为是一种更为突出的技术,它使用 Spark Streaming,即批处理和 Windows 操作来处理实时流数据并创建数据框,这使得输出具有灵活性。区别于其他分析域,它还具有内存计算技术
R	数据分析	R 是一种迎合数据分析的编程语言,因此在数据科学家和数字矿工中非常流行
Tableau	数据可视化	Tableau 是一种使数据分析更加高效的数据可视化工具,可视化是以工作表和仪表板的形式创建的
Plotly	数据可视化	Plotly 主要用于创建图形。交互式图形也可以用这个域创建

3.5　大数据的应用

3.5.1　金融大数据

大数据已成为金融服务业的核心部分,并继续推动创新。从点对点借贷到数字货币,所有这些服务都为大数据的蓬勃发展提供了大量数据。大数据显示,在金融领域中,相关行业有些正通过创新解决方案加速增长,并且能够以较小的利润率生存。

 学习目标

了解大数据对金融服务业的影响。

 主要内容

要　点

● 大数据对金融业的影响涉及三个主要领域:金融市场与公司增长、互联网金融和相关价值创造以及金融和风险管理。

重点名词

● 大数据:具有大型的、更多样的和复杂结构的海量数据集。

大数据对金融业的影响主要体现在三个方面:金融市场与公司增长、互联网金融和相关价值创造以及金融和风险管理(Hasan,et al.,2020)。

1. 金融市场与公司增长

市场效率源于流通中的信息量及其传播(Chen and Yu,2018)。毫无疑问,Web2.0 为信息方面做出了贡献,每天都会产生数百万条有关金融市场的信息(Bollen,et al.,2011)。大数据有助于聚集和解释这些数据条目,因为人类无法解释如此大量的数据。回报预测、成交量分析、期权定价和其他财务指标现在都由大数据处理并受其影响。

令人惊讶的是,大数据对大公司的增长产生了积极的影响,因为大公司有着广泛的历史和丰富的经济活动,它们能比小公司产生更加多的数据(Begenau,et al.,2018)。这类公司还吸引了更多分析师的关注,减少了不确定性(由于其悠久的历史)以及因日益互联的世界带来的意外后果。

2. 互联网金融和相关价值创造

Hansan 等(2020)还讨论了大数据如何彻底改变金融服务,特别是它们如何提供相关的金融服务。例如,金融科技通过提供互联网应用程序和电子钱包使无现金支付成为常态而非例外,从而实现了金融接口的现代化。这些应用程序和网上银行通过每天产生的大量数据来推动信息爆炸式增长。

信贷服务部门也受到影响。随着数字交易数量的增加,信用评分公司现在受益于数据量的增加,能够为客户创建更准确的信用评分。例如,芝麻信用是一个私人信用评分程序,它使用阿里巴巴服务的数据来编辑用户的信用档案。如果没有 Web2.0 和大数据分析的出现,这种创新就不可能实现。

3. 金融和风险管理

最后,大数据还能帮助企业更好地分析风险。同样,从理论上讲,模型的质量随着信息的增加而提高,从而允许对风险机制进行优化调整(Choi and Lambert,2017)。大数据分析还可以比传统方法更快地解释数据并提供解决方案。

3.5.2 大数据解决大问题——其他

全球大数据市场规模收入预计将从 2017 年的 350 亿美元增长到 2027 年的 1 030 亿美元[①],十年内复合年增长率为 11%。随着越来越多的大数据分析应用被开发,技术需求只会从这里继续上升。

学习目标

了解一些跨行业的大数据应用程序。

主要内容

要　点

● 大数据可以以多种方式应用,包括但不限于以下行业:银行与金融、传媒与娱乐、医疗与保险。

重点名词

● 推荐引擎(Recommendation Engines):即信息过滤系统,旨在对用户进行分类,并预测他们对其产品和服务的偏好和评级。

1. 银行与金融业

(1)欺诈检测(Fraud Detection)。美国证券交易委员会(SEC)利用大数据监测金融市场活动中的异常交易活动或潜在欺诈事件。大数据分析海量数据的能力,使 SEC 能够扩大样本数据,而不是使用更小的样本进行调查。此外,数据来源的多样性也有助于确定以前在更传统的数据集中下不存在的趋势和相关性。

(2)算法交易(Algorithm Trading)。大数据处理技术已成为金融业交易员的核心工具,帮助他们将更多的变量和数据输入整合到其多因素分析模型中。这样的大数据分析是一些追求 Alpha 投资的公司保持领先一步的一种方式。

2. 传媒与娱乐业

YouTube 和 Netflix 等媒体和娱乐公司使用推荐引擎来为用户推荐可能喜欢的视频或歌曲。推荐引擎是一种分析工具,通过分析大量的用户历史(一个庞大的数据源)来查找关键字或做重要的标记,使用其算法,能够确定你可能喜欢的产品。

3. 医疗与保险业

(1)医疗保健提供者。正如其他行业所证明的那样,当有足够的数据时,大数据分析可

---

① Statista(2018),Big data market size revenue forecast worldwide from 2011 to 2027,https://www.statista.com/statistics/254266/global-big-data-market-forecast/.

以为任何问题提供有效的解决方案和答案。医疗保健提供者可以使用大数据分析来提供更具针对性的用户体验，并根据大数据可以提供的趋势分析为季节性感染进行更好的库存准备。

（2）保险。保险业的核心是了解和管理风险。假设公司能更好地了解每个客户，那么在这种情况下，其可以更精确地评估个人的风险，从而提供更适合客户需求的产品。保险公司一直使用数据来预测结果，并为保单提供价格建议。利用公共和私人来源的数据，这些公司可以更准确地计算风险，并为其客户群提供更具竞争力的价格和更合适的保险。

3.6   大数据的优势与劣势

3.6.1   大数据的优势

现在许多公司都在利用大数据进一步提高自己的核心竞争力。本节主要介绍公司在使用这一新的资产类别时可能具备的一些优势。

 学习目标

了解大数据为公司提供的各种关键优势。

 主要内容

要　点

● 大数据提供的一些关键优势包括：更好的决策、更高的生产率、更好的客户服务和欺诈检测、更重要的创新。

重点名词

● 欺诈检测（Fraud Detection）：帮助企业识别和防范未经授权的活动的一套流程和分析。

以下是大数据给企业带来的一些优势：

（1）更好的决策。根据 NewVantage Partners[1] 在 2018 年的一项调查，开发先进的大数据分析工具以支持商业决策是企业投资大数据的最常见原因。这也是客观上最高成功率的原因。36%的受访者将改善商业决策列为"大数据和人工智能投资的首要目标"，84%的受访者将此目标作为投资目标，其中成功率为 69%。

例如，对消费者在谷歌搜索特定产品或服务的数据分析可以帮助企业主更好地了解其客户统计，从而改进营销工作(Jeble,et al.,2018)。

（2）提高生产力。Syncsort 的一项调查[2]发现，60%的受访者使用 Spark 和 Hadoop 等大数据分析工具来提高员工生产力。这样的工具允许分析师以更高效的速度分析更多的数

---

①   NewVantage Partners（2018），Big Data Executive Survey 2018，http://newvantage. com/wp-content/uploads/2018/01/Big-Data-Executive-Survey-2018-Findings. pdf.

②   Datamation(2018)，Big Data pros andcons，https://www. datamation. com/big-data/big-data-pros-and-cons. html.

据,从而改进他们的工作流程。他们收集的反馈也可以更快地转化为决策。因此,大数据分析工具正在给其他相关部门带来积极影响。

(3)改善客户服务。NewVantage 调查发现,改善客户服务是使用大数据及其相关分析工具的第二大最常见的首要目标,23%的受访者都将其列为主要目标。65%的被调查者的公司投资于该目标,其中 53%的人发现他们的企业取得了成功。

大数据改善客户服务的一个例子是,在整个产品或服务整个生命周期中不断对客户反馈进行滚动和分析。考虑到客户提出的大量投诉、疑问或意见,人工解决所有反馈是不可行的。然而,通过大数据分析,可以很快发现趋势并轻松确定痛点,从而显著改善客户体验。

(4)欺诈检测。大数据分析可以通过大规模分析客户和员工行为,帮助公司来进行欺诈检测,从而进一步防止潜在的信息泄露或犯罪活动。大数据分析从海量数据中提取数据并提供欺诈行为模式的功能可以帮助公司实时检测欺诈行为。

欺诈检测具有跨行业的重大影响,但它特别适用于那些长期存在欺诈性报表问题的公司。两个例子分别是,保险公司的虚假医疗索赔问题、需要监控多个部门欺诈行为的公司内部审计部门。

(5)更大的创新。最后,大数据分析有助于企业创新。一直在尝试将各种类型的数据,尤其是非结构化数据,集成到其运营中的公司是创新的标志。这种分析所揭示的见解是企业创新的另一个动力。

如果不根据所学采取行动,则知识是毫无价值的。因此,除非根据从数据集和解释中获得的知识采取措施,否则就不能认为大数据分析已经完成。

3.6.2　大数据的劣势

然而,大数据分析在使用上也有一些缺点。本节对几个关键领域做了简要概述。

 学习目标

了解公司在使用大数据时面临的各种劣势。

 主要内容

要　点

● 大数据面临的一些主要挑战包括:对新人才的需求、数据质量、合规性、网络安全风险、硬件需求和成本。

重点名词

● 数据质量(Data Quality):"无用输入,无用输出。"数据质量高意味着数据适合预期用途,或者数据能正确表示数据描述的真实世界结构。

● 网络攻击(Cyber Attack):网络犯罪分子利用一台或多台计算机对计算机或网络发起的攻击。

1. 对新人才的需求

数据科学家和专家是一个越来越受欢迎的新人才领域。目前,有能力的数据科学家短缺,这使得雇用他们对公司来说更具挑战性,成本也更高。虽然这对数据科学家来说是个好消息,但对那些争夺稀缺人力资源的公司来说却是个坏消息。雇佣和支付有竞争力的工资给高质量的数据科学家和专家,其费用是高昂的。

2. 数据质量

在 Syncsort 调查中,使用大数据的一个显著缺点是解决数据质量问题。俗话说:"无用输入,无用输出。"数据是高质量的,这意味着数据适合预期用途,或者数据正确地表示了数据所描述的真实世界结构。[①] 数据科学家需要确保源数据具有合理性、准确性和价值。为了使源数据可用,需要达到大数据的 5V。

3. 合规性

随着隐私问题增加,政府监管也越来越严格。来自客户的个人数据在使用前需要得到每个客户的授权,因为政府认为未经授权的使用侵犯了公民的权利。公司需要确保其数据使用既合法又合乎道德。

4. 网络安全风险

存储大数据会使系统更容易受到网络攻击。当数据涉及敏感信息如客户详细信息时尤其如此。AtScale(2018)[②]的一项调查表明,企业对大数据最大的担忧是它可能带来的安全风险。

5. 硬件需求

大数据分析需要一个重要的 IT 基础设施来支持数据的收集、处理和分析。它所需的计算能力相当大,自然会随着公司计算和处理能力加强而得到扩展,这也与公司的规模成正比。更好的分析需要更多的数据,因此需要更强大的基础设施。计算机也需要维护,因此,维护成本预计会更高。[③]

遗留系统与大数据系统的集成同样很复杂。对于那些不准备进行 IT 系统大修的公司来说,将这些系统改造成大数据兼容系统的成本可能是一种负担。

6. 成本

如上所述,额外的人员配置和硬件需求只是公司使用大数据分析技术需要承担的额外成本的一部分。这是一个"富人越来越富"的例子,因为大公司有更多的资本投资于这种分析工具和人员,从而相比没有财力投资于这种技术的小公司能取得更大的领先优势。

3.7　大数据的趋势与挑战

本节对大数据的一些趋势和挑战做了简要概述。

学习目标

了解大数据的趋势和挑战。

---

① 　Profisee(2020),Data Quality-What,Why,How,10 Best Practices & More,https://profisee. com/data-quality-what-why-how-who/.

② 　AtScale (2018),Big Data maturity survey,https://www. atscale. com/resource/survey_2018_big_data_maturity_survey/.

③ 　SMBCEO (2019),What are the costs of big data, http://www. smbceo. com/2019/09/04/what-are-the-costs-of-big-data/.

 **主要内容**

要　点

- 透明度趋势(Transparency Trend)描述了数据隐私和公司囤积数据是公司需要突破的限制,以实现更易访问和获得更及时的数据。
- 决策趋势(Decision-making Trend)描述了公司为何需要一个结构来正确执行和应用大数据解决方案。
- 信息开发(Information Development)描述了公司应如何在使用接收到的数据时更具创造性,即使这些数据与其使用无关,以及数据质量如何需要不断改进。

重点名词

- 数据驱动(Data Driven):根据数据分析和解释做出战略决策。

正如前文提到的,从制造业到娱乐业,数据在许多行业都是有用的。随着数据变得越来越丰富,在范围、来源和种类上也越来越多样化,从分析数据获得的见解可以证明投资于此类大数据技术对公司是有益的。以下是大数据世界面临的一些趋势和挑战。

1. 透明度

政府和公司都在质疑数据是否容易获取。政府正在推动对公民的进一步隐私保护要求,使数据更难获取。此外,公司以囤积数据著称。如果没有足够的数据量,则大数据分析无法以如此快或高效的速度产出解决方案。因此,这是企业在短期和长期内必须面对的挑战。

2. 决策——高效管理

随着世界经济的步伐和转型速度的不断加快,依靠数据驱动战略保持在竞争力上的领先地位变得越来越重要。公司需要制定适当的程序,以便能够有效及时利用大数据分析并提供解决方案。

3. 信息开发

随着处理大数据的技术不断完善,跨行业的数据源也将不断增加。例如,运输公司基于本地交货可能会收到大量关于全球货运的信息。这些数据可以卖给全球航运公司,这些公司乐意将其用于分析。这将导致透明度趋势,随着更多数据的共享,会获得更好的见解。

数据质量也是至关重要的。5V 将继续成为良好的大数据的标志,因此改进这些特性将使解决方案更具可操作性、敏捷性和准确性。

参考文献/拓展阅读

[1]AtScale(2018),Big Data maturity survey,https://www.atscale.com/resource/survey_2018_big_data_maturity_survey/.

[2]Begenau J,Farboodi M,& Veldkamp L(2018),Big data in finance and the growth of large firms,*Journal of Monetary Economics*,97,71—87.

[3]Bollen J,Mao H,& Zeng X(2011),Twitter mood predicts the stock market,*Journal of computational science*,2(1),1—8.

[4]Chen S H,& Yu T(2018),*Big Data in Computational Social Sciences and Humanities:An Intro-*

duction, Springer, Cham, pp. 1—25.

[5]Choi T, Lambert J H(2017), Advances in Risk Analysis with Big Data, https://doi. org/10. 1111/risa. 12859.

[6]S Jeble, S Kumari, Y Patil(2018), Role of Big Data in Decision Making, DOI: http://doi. org/10. 31387/oscm0300198.

[7]Hasan M M, Popp J, & Oláh J(2020), Current landscape and influence of big data on finance, *Journal of Big Data*, 7(1), 1—17.

[8]Hiba et al. (2015), Big Data and Five V's Characteristics, Working paper, retrieved from https://www. researchgate. net/publication/332230305_BIG_DATA_AND_FIVE_VS_CHARACTERISTICS.

[9]Short J, Bohn R, & Baru C(2010), Enterprise Server Information How Much Information, retrieved from https://www. clds. info/uploads/1/2/0/5/120516768/hmi_2010_enterprisereport_jan_2011. pdf.

[10]Thuraisingham B(1998), *Data mining : technologies , techniques , tools , and trends*, CRC press.

[11]Yaseen O(2020), Big Data: Definition, Architecture & Applications, DOI:10. 30630/joiv. 4. 1. 292.

练习题

习题一

下列陈述正确的是(   )。

①大数据成本高,不应投资

②大数据成本高,但利大于弊

③大数据与传统数据完全不同

④大数据是传统数据的一个子集

A. ①③   B. ②④   C. ①④

习题二

一个存储了 10TB 数据的公司比一个只有 1TB 数据的公司拥有更高的(   )特征。

A. 准确   B. 海量   C. 价值

习题三

下列与大数据速度(Velocity)有关的陈述正确的是(   )。

A. 简单数据比复杂数据具有更高的速度

B. Velocity 是指可供公司使用的数据量

C. 较低的速度更好,因为它更容易管理

习题四

下列陈述正确的是(   )。

A. 对于典型的公司来说,大数据不需要重大的 IT 升级

B. IT 基础设施只是一项昂贵的前期支出

C. 如果大数据现有基础设施尚未准备就绪或不兼容,那么实施和维护大数据基础设施的成本可能会很高

习题五

下列不是数据通过大数据架构方式的是(   )。

A. 数据源＞数据存储＞批处理＞分析数据存储＞分析和报告

B. 数据源＞数据存储＞批处理＞分析和报告

C. 数据源＞实时消息接收＞批处理＞分析数据存储＞分析和报告

习题六

下列可能为潜在数据源的是（　　　）。

①第三方提供商

②原材料供应商

③客户销售

④员工服务器

A. ①②③　　　　　　　　B. ①③④　　　　　　　　C. 以上所有

习题七

大数据的原始 3V 特点是（　　　）。

A. 海量、速度、多样性

B. 准确性、速度、海量

C. 准确性、海量、多样性

习题八

下列非大数据工具/软件的域的是（　　　）。

A. 数据存储　　　　　　　B. 分析　　　　　　　　C. 虚拟化

习题九

下列有关大数据应用的陈述正确的是（　　　）。

A. 只有科技公司才能使用大数据，因为只有他们拥有相关技术

B. 欺诈检测不是大数据有用的应用

C. 大数据被用来为客户提供更精确的定制化产品

参考答案

习题一

答案：选项 B 是正确的。

大数据通常利大于弊，是传统数据的一个子集。

习题二

答案：选项 B 是正确的。

海量是指公司可以使用的数据大小。

习题三

答案：选项 A 是正确的。

B 选项为海量。C 选项是不正确的，因为更高的速度是可取的。

习题四

答案：选项 C 是正确的。

大数据需要大量的 IT 基础设施，这意味着也需要大量的维护。

习题五

答案：选项 C 是正确的。

实时数据源是通过流处理而不是批处理进行的。

习题六

答案:选项 C 是正确的。

几乎公司运营的所有方面都可以成为数据源,因此大数据对所有公司来说都是无处不在的。

习题七

答案:选项 A 是正确的。

海量、速度、多样性是大数据的原始特征。

习题八

答案:选项 C 是正确的。

可视化是一个域,而不是虚拟化。

习题九

答案:选项 C 是正确的。

大数据适用于多个行业,其中欺诈检测的特点在金融行业尤为突出。

第4章 数据科学

4.1 数据科学的定义及历史

 **学习目标**

了解数据科学的定义和简要历史。

 **主要内容**

要　点

● 数据科学整合了多个领域的力量,包括数学、统计学、计算机科学、数据分析、机器学习、大数据、领域知识和信息科学,以提取知识和见解。

重点名词

● 数据科学(Data Science):使用科学方法、流程、算法和系统从各种数据类型中提取知识和见解的多学科领域。

1. 定义

数据科学被定义为一个多学科领域,它使用科学方法、流程、算法和系统从各种数据类型中提取知识和见解。数据科学整合了多个领域的力量,包括数学、统计学、计算机科学、数据分析、机器学习、大数据、领域知识和信息科学,以提取知识和见解。

2. 历史

"数据科学"一词最近才被引入,以表示与大数据分析的增长领域相关的专业(Press, 2013)。

但是,数据科学并不是一个新名词。它最初来源于统计数据,由 John W. Tukey 在 1962 年发表的文章《数据分析的未来》(*The Future of Data Analysis*)中提出。Tukey(1962)指出,作为建立数据科学领域的第一步,阐明探索性数据分析(Exploratory Data Analysis)和验证性数据分析(Confirmatory Data Analysis)之间的区别十分重要。

从 20 世纪 70 年代到 2000 年初,数据科学作为一个独立的学术领域或重要分支开始在主要会议和期刊中发挥作用,例如国际统计计算协会(IASC)、数据库知识发现(KDD)、数据科学杂志(DSJ)等。

2001 年,Leo Breiman 在他的著名论文《统计建模:两种文化》(*Statistical Modeling : The Two Cultures*)中指出,数据分析中存在两种截然不同的文化:一种是数据建模文化;另一种是算法建模文化。两种文化之间的差异源于统计学家使用的主流模型(数据模型)和机器学习从业人员使用的主流模型(算法模型)之间的区别,这被认为是数据科学中的文化转变。

在过去的十年中,数据科学已经广泛地发展到许多领域,包括全球的企业和组织。来自不同行业的人员也能够从中受益,例如政府、遗传学家、工程师,甚至是天文学家。在大数据使用方面,数据科学不仅限于简单地扩展数据,还促进了新系统、算法和计算范式的开发。总体而言,由于云计算的出现以及希望完全理解大数据的人们的出现,数据科学已在各个领域迅速传播。

4.2 数据科学管道

学习目标

了解数据科学的六个子领域。

了解数据科学的一般工作流程。

主要内容

要 点

● 数据科学项目的一般工作流程包括五个主要元素:数据收集、数据处理、建模、部署和监控。

重点名词

● 数据科学子领域(Divisions of Data Science):大卫·多诺霍(David Donoho)将数据科学的活动分类为收集、表示、计算、可视化、建模和科学研究。

1. 数据科学子领域

大卫·多诺霍(David Donoho,2017)在他的《数据科学 50 年》(*50 Years of Data Science*)研究中,总结了数据科学的范畴。他将数据科学的活动分为六个部分:

(1)数据收集、准备和探索。通过传统的实验设计和现代的数据收集方法(如网络爬虫、传感器数据、社交媒体数据)等来收集数据。这些数据是原始数据,意味着通常无法直接对其进行分析,需要通过预处理活动来进行数据准备以使其准备就绪,被称为"数据清理"。据说,致力于数据科学的人会把80%的精力都花在研究混乱数据上,以了解其中的基础知识,使数据为进一步探索做好准备(Donoho,2017)。

(2)数据表示与转换。数据源多种多样,这导致所收集的数据具有广泛的格式,它们可以是数字、图像、音频甚至视频。为了使它们能够被计算机读取,需要将清理后的数据进行适当的转换重组,使其成为更具揭示性的形式。

通常,数据可以以结构形式存储在现代数据库(如 SQL)中,也可以使用数学结构表示特定类型的数据,包括文本、图像、视频等。数学结构的基本思想是提取特定对象的特征。例如,我们可以提取图形的颜色、形状和主题特征。

(3)数据计算。具体指用于数据分析和数据处理的编程语言。这些可以包括流行的编程语言,例如 R 语言、Python、MATLAB 等。

(4)数据可视化和呈现。主要是与"探索性数据分析"(EDA)相关。它使用数字或表格来显示数据中的内容。常用的方法包括直方图、散点图、时间序列图、分布图、饼图等。

(5)数据建模。根据 Leo Breiman 的建模文化,数据科学可以从两个角度对数据进行建模:基于统计的生成建模和基于机器学习的预测建模。

(6)关于数据科学的研究。Tukey 提出"数据分析科学"的存在,应被视为所有科学中最复杂的一门(Donoho,2017)。今天,数据科学家们正在做这样的关于数据科学研究的工作,他们试图识别常见的数据分析/处理工作流程,或者将个别分析的文档和结果编码为标准格式,以便将来进行元分析。

2. 数据科学工作流程

作为一项关于数据科学的工作,图 4.1 显示了数据科学项目的一般工作流程。它有五个主要元素或关键步骤:数据收集(Data Gathering)、数据处理(Data Processing)、建模(Modelling)、部署(Deployment)和监控(Monitoring)。

这个工作流程是一个循环;换句话说,将模型部署到生产中时,数据科学项目不会结束,始终需要重复所有循环步骤,因为输入数据可能会随时间变化。

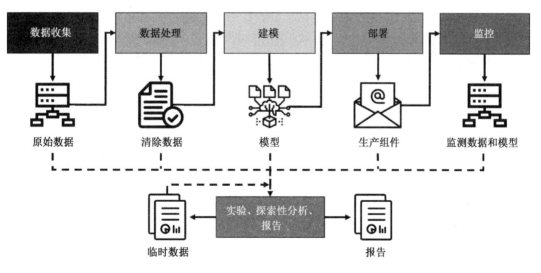

图 4.1　数据科学项目的工作流程

3. 可能的应用

数据科学工作流程为其在各个领域的应用提供了指导,包括但不限于:医疗保健、互联网搜索、欺诈检测、风险检测、定向广告、推荐、图像识别、语音识别、游戏、路线规划与优化。

4.3　趋势与挑战

 学习目标

了解数据科学的主要趋势和挑战。

 主要内容

要　点

- 通过当前的现状可以预测未来数据科学的几个趋势,如自动化、人工智能的可解释性,基于云的大数据、图形化和基于区块链的存储等。
- 未来的发展还面临一些挑战,如实时监控、数据隐私和保证数据科学的准确性。

重点名词

- 图形数据库(Graph Database):图形数据库同样重视数据和数据本身之间的关系。它的目的是保存数据而不将其局限于预定义的模型。

1. 趋势

随着大数据、人工智能以及物联网、区块链等技术的快速发展,数据科学作为一个跨学科领域必将迎来新的发展。以下是数据科学的几个趋势:

(1)数据科学中的自动化。自动化已经部署在生产设施中,比如生产自动驾驶汽车、卡车等。可以预见,这种配置将改变当前就业岗位的劳动力需求,对劳动力市场产生冲击。然而,它将解放人力资源,使之专注于机器无法完成的更具创造性和更复杂的任务。

(2)人工智能的可解释性。人工智能,尤其是深度学习,被认为是一个黑盒。虽然可以查看输入和输出,但即使是数据科学家也无法解释其工作原理。然而,专家们可以通过透明的可说明/可解释人工智能平台来识别决策过程。

(3)基于云的大数据科学。对那些想要资源的数据科学家来说,按需计算能力非常有吸引力,这有助于云计算掀起数据科学的风暴。实际上,云计算使数据科学家能够从世界各地获得几乎无限的处理能力和存储容量。

(4)图形数据库。随着大数据的不断发展,关于混合数据集(包括结构化和非结构化信息)的复杂问题已经引起许多组织的兴趣。图形数据库提供了针对这种规模数据复杂性的分析能力。图形数据库显示了实体(如人、地点和事物)是如何连接的,这是它们与相关的数据库之间的区别。该技术可应用于反洗钱、欺诈检测、地理空间分析和供应链分析。Gartner预测,在不久的将来,图形数据库的应用程序将以每年100%的速度增长,以加速数据准备工作,实现更具适应性的数据科学。

(5)基于区块链的数据存储、共享和保护。数据科学是为了预测,而区块链是为了数据完整性。有了区块链,将使一种新的数据处理方式成为可能。区块链的去中心化结构消除了数据集中的需要,为直接从单个设备进行数据分析铺平了道路。

此外,通过区块链生成的数据是经过验证的、结构化的和不可变的。考虑到来自区块链数据的完整性,增强了数据的科学性[①]。然而,在区块链上存储和计算数据仍然过于昂贵。因此,虽然提升区块链的数据科学能力是大势所趋,但也具有挑战性。

2. 挑战

作为一种应用工具,数据科学在实践中面临着本质的挑战[②]。

(1)寻找正确的数据。考虑到数据的巨大容量和速度,最大的挑战之一是理解所有数据并推动有利可图的业务决策。不可否认的是,大量的数据往往会使人们的注意力偏离可操作性,甚至导致数据瘫痪。因此,对噪声进行校正并建立一个稳健的分析模型是明智的。也就是说,数据清理对于精确的模型是必要的。

(2)实时建模与监控。当考虑到采用数据科学解决方案执行整个过程时,人们可能会感到胆怯。尽管如此,要使模型能够面对实时挑战仍然是至关重要的。

(3)敏捷性。不幸的是,大多数具有分析功能的模型结构都忽略了与最终业务用户的充分交互。对此,许多专家建议,在使用分析模型的决策过程中,企业应该更加灵活、敏捷。

(4)数据安全与隐私。分析就是处理大量的数据。然而,如何确保数据的安全性仍然是一个令人费解的挑战。有关部门需要确保隐私,并要求采取必要措施防止数据被不当使用。

(5)缺乏领域专业知识。如今的公司仍在努力建立合适的团队以及适当的硬件和软件基础设施,这就需要能够执行复杂分析项目并在分析技能和专业知识之间达到平衡的员工。一般来说,市场缺乏在商业、统计和编程方面具有全面专业知识的人才。

4.4　大数据对比数据科学

学习目标

了解大数据与数据科学的关系。

主要内容

要　点

● 为了区分大数据和数据科学,我们可以认为,数据科学应该使用理论和实践的方法从大数据中获取信息。

重点名词

● 大数据方法(Big Data Approaches):用于处理数据、提取信息、解释决策过程和决策结果的科学技术。它们通常支持预测分析,数据集分析被广泛用于识别业务趋势、预防疾病、打击犯罪等。

● 数据科学方法(Data Science Approaches):通常指数据推理、算法开发和技术的多学科融合,用于预清理和分类通过大数据获得的异构数据以及解决其他复杂分析问题。

[①]　Vibhuthi Viswanathan(2019),Implications of blockchain in data science,https://www.itproportal.com/features/implications-of-blockchain-in-data-science/.

[②]　Srishti Deoras (2019),10 Challenges That Data Science Industry Still Faces,https://analyticsindiamag.com/10-challenges-that-data-science-industry-still-faces/.

表 4.1 从多个维度展示了大数据与数据科学之间的区别[①]。

表 4.1   大数据与数据科学的区别

基 础	数据科学	大数据
含义	倾向于科学地解释数据并从给定的数据集中搜索信息	围绕着传统数据分析方法无法处理的庞大数据量
概念	预清理、分类和挖掘通过大数据获得的异构数据的科学技术	处理数据、提取信息、解释决策过程和决策结果的科学技术
形式	互联网用户/流量、实时订阅,以及从系统日志生成的数据	数据过滤、准备和分析
应用领域	数字广告、互联网搜索、风险检测、文本语音识别等活动	生物技术、电子商务、电信、健康和运动、金融服务、研发和安全
方法	通过广泛地利用数学和统计学以及编程技巧设计模型、检验假设,企业可以使用该工具帮助决策	被企业用来跟踪其在市场上的占有率,这有助于企业提高灵活性和相对竞争优势

大数据与数据科学之间的主要区别,总结如下:

(1)机构通常使用大数据来提高工作效率、开拓未开发的市场和增强竞争力。相反,数据科学提供了建模技术和方法来准确评估大数据的潜力。

(2)企业可以收集和利用大数据来应用到数据科学,获取有价值的信息。

(3)为了从大数据中挖掘信息,数据科学应更多地运用理论和实践方法。我们一般把大数据看作一个数据池,这在演绎和归纳之前是不可想象的。

(4)大数据分析也被称为数据挖掘,因为它可以处理许多数据集。数据科学设计和开发统计模型可以通过机器学习算法从大数据栈中获取知识。

(5)数据科学更注重对企业决策过程的分析,而计算机工具和软件等技术在大数据中更为重要。

 参考文献/拓展阅读

[1]Breiman L(2001),Statistical modeling:The two cultures,*Statistical science*,16(3),199—231.

[2]Donoho D(2017),50 Years of Data Science,*Journal of Computational and Graphical Statistics*,26:4,745—766,DOI:10.1080/10618600.2017.1384734.

[3]Press G(2013),A Very Short History of Data Science,Forbes,retrieved from https://www.forbes.com/sites/gilpress/2013/05/28/a-very-short-history-of-data-science/#7eace5f355cf.

[4]Tukey J W(1962),The Future of Data Analysis,*The annals of mathematical statistics*,33(1),1—67.

练习题

习题一

下列划分不属于数据科学的是(   )。

---

① Besant Technologies (2019),Big Data Vs Data Science,https://www.besanttechnologies.com/big-data-vs-data-science#:~:text=Big%20data%20analysis%20caters%20to,the%20pile%20of%20big%20data.

A. 数据建模　　　　　　　B. 数据计算　　　　　　　C. 洞察力部署

习题二

下列不属于数据通过数据科学工作流程的方式是(　　　)。

A. 数据收集　　　　　　　B. 数据计算　　　　　　　C. 监控

习题三

(　　　)确定了常见的数据分析/处理工作流程属于哪个部门。

A. 关于数据科学的学科

B. 数据建模

C. 数据表示与转换

习题四

关于未来数据科学发展趋势的说法不正确的是(　　　)。

A. 提升区块链的数据科学能力是大势所趋,因为在区块链上存储和计算数据仍然过于昂贵

B. 基于云的大数据科学为混合数据集提供了分析能力,包括结构化和非结构化信息

C. 自动化在数据科学中的一个优点是它将解放人类,使人们专注于机器无法完成得更具创造性和更复杂的任务

习题五

下列不属于数据科学挑战的是(　　　)。

A. 透明度和可及性

B. 数据安全与隐私

C. 实时建模和监控

习题六

关于大数据与数据科学之间的重大差异,下列说法不正确的是(　　　)。

A. 企业可以利用大数据实施数据科学,获取有价值的信息

B. 大数据更注重分析企业决策过程

C. 大数据更像是一个数据池,在演绎和归纳之前是不可想象的

参考答案

习题一

答案:选项 C 是正确的。

大卫·多诺霍将数据科学活动分为收集、表示、计算、可视化、建模和科学研究。

习题二

答案:选项 B 是正确的。

数据科学项目的一般工作流有五个主要元素或关键步骤:数据收集、数据预处理、建模、部署和监控。

习题三

答案:选项 A 是正确的。

数据科学家试图识别常见的数据分析/处理工作流程或对单个分析的文档进行编码,并

以标准格式生成结果以用于将来的元分析。

习题四

答案:选项 B 是正确的。

随着大数据的不断发展,企业之间出现了关于混合数据集(包括结构化和非结构化信息)的复杂问题。图形数据库为这种级别的数据复杂性提供了大规模的分析能力。

习题五

答案:选项 A 是正确的。

作为一种应用工具,数据科学在实践中面临着诸多自然挑战,包括寻找正确的数据、实时建模、监控、灵敏性、数据安全性和隐私性、缺乏专业领域知识等。

习题六

答案:选项 B 是正确的。

数据科学更加关注业务决策过程的分析,而计算机工具和软件等技术在大数据中则更为重要。

3

第三部分

数据管理2：人工智能与机器学习

第5章　人工智能

5.1　人工智能概述

 **学习目标**

理解什么是人工智能(AI)。

了解人工智能的简要发展以及人工智能、机器学习和深度学习之间的关系。

了解为何人工智能在过去的十年中获得显著成效和进步。

 **主要内容**

要　点

● 人工智能是指让代理(即机器或计算机)来模仿人类思维或人类智慧的认知功能的一门技术科学。

● 人工智能从早期的符号 AI 演变成基于知识的专家系统,再到机器学习和当今的深度学习。人工智能是一个通用领域。机器学习是人工智能的子领域,而深度学习是机器学习的一个热门分支。

● 由于大数据的可用性、大幅改进的先进算法、强大的计算能力和基于云端的服务,人工智能在过去十年中取得了显著成效和进步。

重点名词

● 符号 AI(Symbolic AI):从 20 世纪 50 年代到 80 年代后期的主要 AI 范例。

● 机器学习(Machine Learning:):机器学习是人工智能的一个子领域,人类输入数据以及对数据的预期答案,机器将自行"学习"并得出隐藏的规则。

● 深度学习(Deep Learning):使输入数据的特征工程自动化,并允许算法自动发现输入数据中的复杂模式和关系。

1. 什么是人工智能?

　　早在 20 世纪 40 年代和 50 年代,来自数学、心理学、工程学、经济学和政治科学等不同领域的少数科学家就开始讨论创建人造大脑的可能性。"人工智能"一词是约翰·麦卡锡(John McCarthy)在 1956 年的达特茅斯会议上提出的,随后人工智能(AI)研究被确立为一门学术学科。

AI 的主要统一主题是"智能代理"的概念。在 Russell 和 Norvig(2002)撰写的且被广泛引用的书中,AI 被定义为:

"对接受来自环境的准则并采取行动的主体的研究。"

通常,术语"人工智能"是指让代理(例如机器或计算机)来模仿人类思维或人类智慧的认知功能的一门技术科学,例如学习和感知。

2. 人工智能的发展史

AI 是一个广阔的领域,从早期的符号 AI 到基于知识的专家系统,再发展到机器学习以及当今的神经网和深度学习。图 5.1 显示了 AI 的发展史。

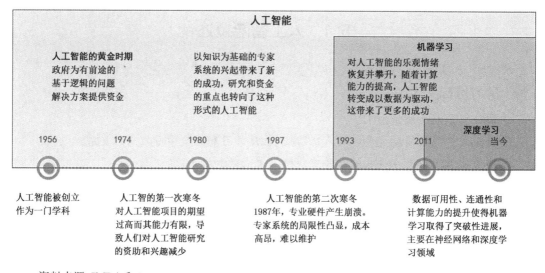

资料来源:IMDA 和 Lee,2020。

图 5.1 AI 发展史

(1)符号 AI(20 世纪 50 年代中期至 80 年代后期)。在早期阶段,人工智能训练的机器使用一套生产规则。规则类似于 If-Then 语句。教机器下棋是 AI 的主要研究重点之一。国际象棋有其游戏规则。许多 AI 专家认为,可以让程序员把这些游戏通过操纵知识编写成足够多的显式规则来实现 AI。这些规则是一些人类可理解的问题和逻辑。"符号 AI"就是在这一时期发展起来的,它是 20 世纪 50 年代至 80 年代后期的主要 AI 范例。图 5.2 说明了符号 AI 的工作方式。

图 5.2 符号 AI 的演示

符号 AI 在 20 世纪 80 年代的"专家系统"繁荣时期达到顶峰。专家系统基于逻辑和知识的方法,其力量来自它们所包含的专家知识,但这也限制了专家系统的进一步发展。知识获取问题、知识库增加和更新问题都是专家系统面临的重大挑战。在 20 世纪 90 年代及以后,"专家系统"一词从大多数 IT 词典中删除。当时需要一种新型的 AI 方法来接管基于规则的技术。

(2)机器学习(20 世纪 90 年代至今)。机器学习是 AI 的一个子领域,在 20 世纪 90 年代开始蓬勃发展。与符号 AI 不同,机器学习不需要人类熟练地理解现有规则。它源于以下问题:"计算机能否超越'我们知道如何命令计算机执行什么'(符号 AI),并自行学习如何执行指定的任务?"通过机器学习,人们可以输入数据以及数据中的预期答案,并且机器将自己"学习"并得出隐藏的规则。然后,可以将这些学习到的规则应用于新数据以产生新的答案。图 5.3 说明了机器学习的简单结构。

资料来源:Francois,2017。

图 5.3 机器学习的演示

从 20 世纪 90 年代开始,AI 的目标已从实现 AI 问题集转变为解决实际的可解决问题。它把重点从 AI 继承下来的符号方法转移到了利用统计和概率论来构建方法和模型的过程中(Langley,2011)。

(3)深度学习(2011 年至今)。在经历了一系列起伏(通常被称为"AI 盛夏和寒冬")之后,人们对 AI 的兴趣交替增减。[1] 在 AI 发展路线图中,AI 是涵盖机器学习的通用领域;而深度学习是机器学习的一个热门分支,它象征着大约 9 年前 AI 的蓬勃发展。

与机器学习相比,深度学习使输入数据的特征工程自动化(学习数据的最佳特征以创建最佳结果的过程),并允许算法自动从输入数据中发现复杂的模式和关系。深度学习基于人工神经网络(ANN),灵感来自生物系统中的信息处理和分布式通信节点,类似于人脑。

图 5.4 显示了人脑和人工神经网络(ANN)的信息处理框架。ANN 通过使用多层逐步从输入数据中提取不同级别的特征/解释来模仿人脑的过程。本质上,深度学习算法是"学习如何学习"(Learn How to Learn)。

尽管 AI 研究始于 20 世纪 50 年代初期,但在以下三个相互促进的因素[2]的推动下,其有效性和进步在过去十年中最为显著:

①大数据可得性。例如各种数据源,包括企业、电子商务、社交媒体、科学、可穿戴设备、政府等。

②先进算法的显著改进。大量可用数据加速了算法创新。

③更强大的计算能力和基于云端的服务,可以实现高级 AI 算法。例如深度神经网络。

算法、硬件和大数据技术的重大进步,加上寻找新产品的财政激励,为 AI 技术的复兴做出了贡献。如今,人工智能已经从"让机器学习我们知道的东西"转变为"让机器学习我们可能不知道的东西",并最终转变为"让机器自动学习如何学习"。

---

① World Intellectual Property Organization(2019),WIPO Technology Trends 2019-Artificial Intelligence,https://dio. org/10. 34667/tind. 29084.

② Sam Kwok,Artifical Intelligence:A Primer,Garage Technology Ventures, retrieved from https://garagerec hn-ologyventeures. com/artificial-intelligence/.

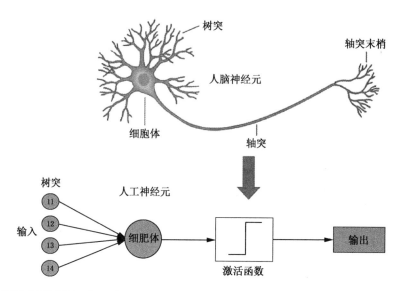

资料来源：MPLSVPN（2017），What is Neuron and Artificial Neuron in Deep Learning，http：//www. mplsvpn. info/2017/11/what-is-neuron-and-artificial-neuron-in. html.

图 5.4　人脑和神经网络

5.2　人工智能类型

 学习目标

了解人工智能的七种类型。

 主要内容

要　点

●人工智能可以基于功能和能力进行划分。[①]

重点名词

●四种基于功能的 AI：反应机器、有限记忆、心智理论和自我意识。

●三种基于能力的 AI：弱人工智能（ANI）、强人工智能（AGI）、超级人工智能（ASI）。

人工智能是模仿人类大脑从大量数据中构建智能机器的过程。因此，根据机器对人脑的相似度以及它们像人一样"思考"和"行动"的能力，可以将 AI 分为反应机器、有限记忆、心智理论和自我意识。[②]

　　① Simplilearn(2021)，Types of Artificial Intelligence That You Should Know in 2020，https://www. simplilearn. com/tutorials/artificial-intelligence-tutorial/types-artificial-intelligence.

　　② Forbes(2019)，7 Types if Artificial Intelligence，https://www. forbes. com/sites/cognitiveworld/2019/06/19/7-types-of-artificial-intelligence/? sh=4a29d7b233ee.

● 反应机器(Reactive Machines)：最基本且最古老的 AI 系统，它们可以直接感知世界并根据其所见即行。这些计算机不具有存储功能。换句话说，它们不能从先前获得的经验中"学习"来指导它们目前的行动。因此，它们是纯反应性的。反应机器的一个例子是 IBM 的国际象棋超级计算机深蓝(Deep Blue)，该超级计算机在 1997 年击败了国际象棋大师加里·卡斯帕罗夫(Garry Kasparov)。它没有采用任何预先应用的数据集或寻找以前的比赛。它所知道的只是比赛规则和如何玩游戏。计算机根据其实时直觉移动了棋子并赢得了比赛。[①]

● 有限记忆(Limited Memory)：有限记忆 AI 系统具有两种功能。它们可以是纯粹的反应机器，但也可以利用过去的数据进行决策。有限记忆机器在我们的日常生活中极为重要。数据集的使用就是其应用的一个典型。例如，可以通过保存在其内存数据集中的大量历史数据库在深度学习领域对机器进行训练。通过使用过去的历史数据进行训练，可以利用机器以解决未来的数据。该原则所强调的假设是历史数据可以作为未来的可靠参考。它的一个应用是在图像识别中，对图像识别 AI 使用大量图片进行训练，它可以通过识别许多图片来命名与之接触的不同对象。该机器还可以利用其训练图像作为绘制参考，并理解呈现给它们的新图像。通过额外的学习，可以增强机器的分析功能。从聊天机器人、虚拟助手到自动驾驶汽车，该技术已在 AI 系统中被广泛采用。

● 心智理论(Theory of Mind)：心智理论 AI 系统代表了一种先进的技术，目前仅作为一个概念存在。该技术领域在分类人类情感、情绪和思想的应用中仍然至关重要。尽管该技术领域取得了进展，但尚未完全完成。为了实现心智 AI 的功能理论，在其他 AI 领域的进步同样重要，其背后的原因是人类情感的复杂性。为了理解人类的情感需求，人工智能机器需要掌握构成人类情感的许多不同因素。

● 自我意识(Self-Aware)：人们认为，自我意识是 AI 发展的最后阶段，目前仅存在于概念构想中。就如字面所述，自我意识是指机器所达到的自我意识的状态，类似于我们人类的自我意识水平。这种自我意识水平使机器能够显示类似于人类的相似情绪。除显示情绪之外，设备本身还可以理解在与他人交互时遇到的情感、需求、信念和欲望。这种技术的发展是一把双刃剑。一方面，它可以使我们的自我意识得到更大的提高。另一方面，机器所达到的这种意识水平违反了道德标准。对一些人而言，这意味着这些机器有可能超越人类，最终取代我们。但是，这种悲观的情况短期内不会实现。

AI 的另一种分类在技术术语中更常用，它是基于 AI 系统的能力所分，分为三种：弱人工智能(ANI)、强人工智能(AGI)和超级人工智能(ASI)。

● 弱人工智能(Artificial Narrow Intelligence，ANI)：这种类型的人工智能囊括了所有现有的 AI，甚至包括最复杂的深度学习。ANI 指的是无论工作有多复杂，都只能使用类似人类的能力自主执行特定任务的 AI 系统，这些机器能做的仅仅是执行已被写好的命令，因此它们的能力范围十分有限。ANI 可被归类为所有的反应机器与有限记忆 AI 的范围。

● 强人工智能(Artificial General Intelligence，AGI)：AGI 代表着 AI 拥有像人类一样学习、感知、理解和运作的能力，这些系统能够独立构建多种技能，并与我们人类的思维过程

① Adilin Beatrice(2020)，7 Types of Artificial Intelligence：Propelling the Technolgy Development，https://www.analyticsinsight. net/7-types-of-artificial-intelligence-propelling-the -technology-development/.

极为相似,可以形成跨域的连接和概括能力,大大减少学习所需的时间。

● 超人工智能(Artificial Superintelligence,ASI):ASI是最高的人工智能级别。作为最先进的AI,ASI不会止于复制人类的认知能力,它们也可能具备超出人类的分析、决策和数据处理能力。

5.3　人工智能的理论基础

学习目标

了解概率论和信息论的概念。

了解优化在人工智能和机器学习中的基本作用。

主要内容

要　点

● 概率论是表示不确定性陈述的数学框架。

● 概率论提供了一种量化不确定性的方法,以及驱动新的不确定性陈述的公理。

● 信息论提供了一种量化概率分布中不确定性的方法。

重点名词

● 不确定性(Uncertainty):机器学习技术必须处理的非确定性因素。

● 随机变量(Random Variables):可以随机采用不同值的变量。

● 概率分布(Probability Distributions):随机变量处于特定状态的概率。

● 信息论(Information Theory):应用数学的一个分支,用于量化信号中存在多少信息。

1. 什么是不确定性?

机器学习必须始终处理不确定的量,有时还要处理随机的量。不确定性和随机性可能有多种来源,因此几乎所有活动都需要在存在不确定性的情况下进行推理。除定义为真的数学表达式之外,能想出任何保证会发生的真命题或事件并不容易。

不确定性来源存在三种可能:一是建模系统的固有随机性;二是不完整的可观察性;三是不完整的建模。

在许多情况下,使用简单但不确定的规则也要比复杂但确定的规则更为实际,即使真正的规则都是确定性的。建模系统具有保真度,可以适应复杂的规则。例如,"大多数鸟类都会飞"这一简单规则开发成本低、适用范围广。如果按照"鸟类会飞,除了尚未学会飞行的幼鸟,因生病或受伤已经失去飞行能力的鸟,不会飞的鸟类包括鹤鸵、鸵鸟和几维鸟等"这样的形式规则来开发,则维护和沟通成本会很高。

概率可以看作是处理不确定性的逻辑的扩展。逻辑提供了一套正式的规则,用于确定哪些命题被暗示为真或假,前提是假设其他一些命题是真或假。概率论理论提供了一组形式规则,用于确定一个命题为真的可能性,并给出了其他命题的可能性。

2. 随机变量

随机变量是可以随机采用不同值的变量。我们通常用无格式字体中的小写字母表示随机变量本身,而用手写体中的小写字母表示随机变量能够取到的值。例如,x_1 和 x_2 都是随机变量 x 可以取的值。对于向量值变量,我们会将随机变量写为 x,将其值之一写为 x。就其本身而言,随机变量只是对可能状态的描述。它必须与概率分布相结合,以说明这些状态的可能性。

随机变量可以是离散的,也可以是连续的。离散随机变量的状态数为有限或可数。注意,这些状态不一定是整数,它们也可以仅被命名为不具有任何数值的状态。连续随机变量与实际值相关联。

3. 概率分布

概率分布是对随机变量或一组随机变量在其每个可能状态下的可能性描述。我们根据变量是离散的还是连续的来描述概率分布。

4. 信息论

信息论是应用数学的一个分支,它围绕量化信号中存在多少信息而展开。最初是为了在诸如无线电传输之类的嘈杂信道上使用离散字母来研究消息而发明的。在这种情况下,信息论告诉我们如何使用各种编码方案设计最佳代码并计算从特定概率分布中采样的消息的预期长度。我们还可以将信息论应用于那些消息长度解释不适用的机器学习中的连续变量。

信息论背后的基本直觉是,了解不太可能发生的事件比了解可能发生的事件能获取更多的信息。如果一条消息说"今天早晨太阳升起",则可以被判定为无用,以至于没有必要发送;但如果一条消息说"今天早晨有日食",则非常有用。

我们希望以一种可以使这种直觉形式化的方式来量化信息。

(1)很可能,事件具有较低的信息含量,在极端情况下,必然发生的事件应该不会有任何信息含量。

(2)不太可能发生的事件应具有较高的信息含量。

(3)独立事件应具有附加信息。例如,发现抛掷硬币出现正面的次数是两次,所传递的信息量是发现抛掷硬币出现正面的次数是一次的两倍。

5. 优化

如果我们看一下 AI 或 ML 模型背后的数学,不难发现它们全都归结为优化问题。[1] 优化是在一些约束或限制下,从众多可用的备选方案中选择最佳解决方案。例如,在机器学习中,普通线性回归中使用的最小二乘估计本质上是在试图优化与数据集最接近的模型系数。AI 和 ML 的基本概念是预测目标参数,而优化则是找到参数最优估计。

例如,在神经网络训练中,会使用优化来为每一层找到最佳的参数配置。[2] 理解优化概念将有助于理解 AI 算法的底层机制。

---

① joelbarmettlerUZH(October 10, 2019),ML Fundamentals:Optimization problems and how to solve them,retrieved from https://medium.com/swlh/ml-fundamentals-optimization-problems-and-how-to-solve-them-572c6ddf0a0b.

② Aiden G(November 25,2020),Optimization:The Intuitive Process at the Core of AI,retrieved from https://medium.com/swlh/optimization-the-intuitive-process-at-the-core-of-ai-10b15df14949.

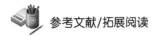 参考文献/拓展阅读

［1］Francois C(2021)，*Deep Learning with Python*，New York：Manning Publications Co.

［2］Infocomm Media Development Authority(IMDA)，and Lee K C(2020)，*Artificial Intelligence，Data and Blockchain in a Digital Economy*，*(First Edition)*，Singapore：World Scientific.

［3］Langley P(2011)，The changing science of machine learning，*Machine Learning*，82(3)，275－279.

［4］Russell S & Norvig P(2022)，*Artificial Intelligence：A Modern Approach*，Uttaw Pradesh：Pearson.

［5］Lewis K M，Varadharajan S & Kemelmacher-Shlizerman I(2021)，VOGUE：Try-On by StyleGAN Interpolation Optimization，arXiv preprint arXiv：2101.02285.

［6］Adrian Y X(July 28，2020)，Playing Doom with AI：Multi-objective optimization with Deep Q-learning，retrieved from https：//towardsdatascience.com/playing-doom-with-ai-multi-objective-optimization-with-deep-q-learning-736a9d0f8c2.

练习题

习题一

下列陈述不正确的是(   )。

A. AI 是包括机器学习和深度学习的通用领域

B. 深度学习是机器学习的子集

C. AlphaGo 是使用符号 AI 技术设计的

习题二

下列关于弱人工智能(ANI)的陈述正确的是(   )。

A. ANI 可以做得比它们被设计得要多

B. ANI 涵盖所有有限记忆 AI

C. 现有的深度学习方法不属于 ANI

习题三

下列 AI 产品尚未实现的是(   )。

A. 自我意识机器人   B. 聊天机器人   C. 自动驾驶车辆

习题四

下列非机器学习中不确定性来源的是(   )。

A. 不完全可观测性   B. 不完整建模   C. 高质量数据

习题五

机器学习中随机变量是(   )。

A. 我们无法测量的变量

B. 可以随机采用不同值的变量

C. 我们可以观察到但无法描述的变量

习题六

在人工智能中，优化问题是为了(   )。

A. 搜索适合 AI 模型的最佳数据

B. 搜索用以训练 AI 模型的最佳变量

C. 搜索 AI 模型参数的最佳估计值以拟合数据

习题七

下列关于信息论的陈述正确的是(　　)。

A. 信息论只能应用于连续变量

B. 与已确认的事件相比,了解不太可能发生的事件通常会获得更多的信息

C. 事件中包含的信息不可能为零

参考答案

习题一

答案:选项 C 是正确的。

AlphaGo 是根据深度学习方法而非符号 AI 设计的。

习题二

答案:选项 B 是正确的。

ANI 是弱人工智能,涵盖了所有的"反应机器"和"有限记忆"方法,并且只能完成其被编程的工作。现有的深度学习方法属于"有限记忆"方法。因此,它们是 ANI。

习题三

答案:选项 A 是正确的。

自我意识 AI 仍在发展中。

习题四

答案:选项 C 是正确的。

数据中的噪声是不确定性的可能原因之一。因此,如果数据是高质量的,则非不确定性的来源。

习题五

答案:选项 B 是正确的。

随机变量是一个变量,其值可能会随机变化,但是我们仍然可以观察到它并使用概率分布来描述它。

习题六

答案:选项 C 是正确的。

优化用于选择模型的最佳参数以符合训练数据,即查找可以最好地解释数据的最佳模型。

习题七

答案:选项 B 是正确的。

信息论可以应用于测量离散变量和连续变量。较高的不确定性包含更多信息,在信息论领域,已确认事件(不确定性＝0)不包含任何信息。

第6章　机器学习

6.1　应用数学和机器学习基础

 学习目标

了解机器学习的原则。

 主要内容

要　点

- 机器学习算法可分为四大类：监督学习、无监督学习、半监督学习和强化学习。
- 常见的性能度量包括准确率（Accuracy）、查准率/精确率（Precision）、召回率/查全率（Recall）和 F 值（F-Measure）。
- 模型的容量是其拟合各种输入数据的能力。
- 当模型无法在训练集上获得足够低的误差值时，就会发生欠拟合（Undering Fitting）。当训练误差和测试误差之间差距过大时，就会发生过拟合（Overfitting）。

重点名词

- 监督学习（Supervised Learning）：使用给定数据记录进行训练/学习的算法。
- 无监督学习（Unsupervised Learning）：尝试探索给定数据、检测或挖掘数据隐藏模式与关系的算法。无监督学习基于给定数据点之间的相似性或距离。
- 性能度量（Performance Measure）：对机器学习模型在完成任务时的表现进行定量评估。
- 训练和测试框架（Training and Testing Framework）：广泛应用的分类任务评估方案。
- 过拟合和欠拟合（Overfitting and Underfitting）：模型可能有的缺陷。
- 泛化（Generalization）：针对以前未见过的新数据做出正确预测的能力。

1. 机器学习基础

机器学习算法是一种可以从数据中学习的算法。Mitchell(1997)提供了一个简洁的定义：如果一个计算机程序在 T 类任务中的性能 P 随着经验 E 的提高而提高，则该程序可以从经验 E 中学习关于 T 类任务和性能 P 的知识。

2. 任务 T

机器学习使我们能够用人类编写和设计的固定程序来处理难以解决的任务。从科学和哲学的角度来看,机器学习之所以具有吸引力,是因为发展我们对机器学习的理解需要发展我们对智能基本原理的了解。

在"任务"一词的相对正式定义中,学习过程本身并不是任务,学习是我们取得完成任务能力的手段。例如,如果我们想要一个机器人行走,那么行走就是任务,我们可以通过编程让机器人来学习行走,或尝试直接编写一个程序来具体说明如何直接手动行走。

机器学习任务通常通过机器学习系统处理一个示例的过程来描述。一个示例是一个特征集合,该集合已通过我们希望机器学习系统处理的某些对象或事件而进行了定量度量。我们通常将一个示例表示为 $x \in R^n$,其中变量的每个输入 x_i 是其另一个特征,如图像的特征通常是图像中的像素值。

许多类型的任务可以通过训练具有机器学习的算法来解决。一些最常见的机器学习任务包括以下几项:

(1)分类(Classification)。指定输入属于 k 组类别中的哪类。

(2)回归(Regression)。根据输入预测数字值。

(3)转录(Transcription)。观察某种数据的相对非结构化表示,并将信息转录成离散文本形式。

(4)机器翻译(Machine Translation)。它是将一系列符号从一种语言转换为另一种语言。

(5)结构化输出(Structured Output)。执行输出为变量(或其他包含多值的数据结构)且不同元素间存在重要关系的任务。

(6)异常检测(Anomaly Detection)。筛选一组事件或对象,并对异常或非典型事件或对象进行标记。

(7)合成和采样(Synthesis and Sampling)。生成与训练数据类似的新示例。通过机器学习合成和采样对于媒体应用程序非常有用,因手动生成大量内容会非常昂贵、枯燥或耗费太多时间。

3. 经验 E

机器学习算法,根据被允许在学习过程中获得什么样的经验,大致可分为四大类:监督学习、无监督学习、半监督学习和强化学习。

(1)监督学习。监督学习算法使用给定的数据记录来进行训练/学习。数据是被标记的,这意味着给定输入,它的期望输出是确定的。

例如,信用卡申请可以标记为已批准或已拒绝,该算法接收一组输入(申请人的信息)和相应的输出(申请是否获得批准)以促进学习,模型构建或算法学习过程最小化了估计输出和实际输出间的误差,当算法达到可接受的性能级别时(如当误差小于最低预定义误差时),学习就会停止,然后将被训练的算法应用于未标记数据来预测可能输出值(如是否应批准新的信用卡申请)。此过程可用于银行客户,如 KYC 部门(全称 Know Your Customer)。

存在多种监督学习算法,如贝叶斯统计、线性回归、逻辑回归、决策树、随机森林、支持向量机(SVM)、集成模型等。实际应用包括风险评估、欺诈检测、图像、语音和文本识别等。

(2)无监督学习。与监督学习不同,在无监督学习中,算法没有经过"正确答案"的训练或学习,它尝试探索给定的数据、检测或挖掘其隐藏的模式和关系。这种情况下是没有答案的,学习是基于给定数据点之间的相似性或距离。在深度学习中,无监督学习的目标是学习生成数据集的完整概率分布,无论是显式的(如同密度估计)还是隐式的(用于合成或降噪等任务)。

以银行客户细分为例,其特定群组的客户表现出相似特征。已学习的同质群组可以帮助银行找出客户与银行产品选择之间的隐藏关系,这将为银行向新客户进行产品营销时的客户定位提供有价值的见解。此外,无监督学习也能很好地处理交易数据,可用来识别一组具有类似购买行为、可在之后营销促销中被视为单一同质单位的个体。

关联规则挖掘、聚类(如 K-Means)、最近邻映射、自组织映射、降维(主成分分析等)均为常见且流行的无监督学习算法。实际应用涵盖市场购物篮分析、客户细分、异常检测等。

(3)半监督学习。半监督学习类似于监督学习,因其常用于解决类似问题。半监督学习与监督学习的区别在于,在半监督学习中,少量的标记数据和众多的未标记数据同时被提供。当标记过程中完全标记训练过程成本过高时,将利用半监督学习。基于标记数据的半监督学习算法可以对大量未标记数据进行分类,此外还会使用新标记的数据集来进一步训练新模型。半监督学习也被称为混合型学习,因为数据集是标记和未标记观测值的混合。其他类型的混合型学习包括自监督学习(Kolesnikov, et al., 2019)和多示例学习(Bengio, et al., 2017)。

例如一家在线新闻门户希望对网页进行分类或标记。具体来说,该公司可能希望将其网页分类为不同类别,如体育、政治、商业、娱乐等,但手动操作非常耗时且昂贵。半监督学习旨在充分利用未标记数据来提高训练模型的效率,两个典型实际应用是图像分类和文本分类。

(4)强化学习。强化学习旨在找出导致最大回报或驱动至最佳结果的行动。一系列允许的操作、规则和潜在结束状态将被事先提供给机器,机器的工作是探索不同动作并观察产生的反应。最后,机器学会利用给定规则来达到期望结果,换句话说,它决定了在某些情况下,什么样的一系列行动能达到优化结果。

强化学习常用于游戏和机器人技术,类似于教别人玩游戏。虽然规则和目标都被明确界定,但任一单场比赛结果都取决于玩家的判断力,因为玩家会不断调整自己的方法以应对现有环境以及对手的技能与反应。

大致说来,无监督学习包括观测几个随机变量 x 的几个例子,并试图隐式或显式地学习概率分布 $p(x)$ 或一些有趣的分布性质。相比之下,监督学习涉及观察随机变量 x 和相关值或相关变量 y 的几个例子,然后学习根据 x 预测 y,通常是通过估计 $p(y|x)$ 来学习。"监督学习"一词源于由导师或教师提供目标 y 的视角,他们向机器学习系统展示该怎么做。在无监督学习中没有导师或教师,且算法必须学会在没有指南的情况下学习数据。

4. 性能度量 P

机器学习模型完成任务的能力需要用其性能进行定量度量。性能度量 P 是针对由机器学习模型所执行的任务 T 的特定度量。我们通常感兴趣的是了解机器学习算法对以前从未见过的数据其表现如何,这将决定它在现实世界进行部署时的有效性。因此,我们使用与训练机器学习系统所用数据分离的测试数据组来评估这些性能度量。在此,我们以监督学习问题为例来说明性能度量。

监督学习问题可分为分类和回归,广泛使用的度量方案是训练-测试框架,它将数据集分为两个子集,即训练集和测试集:前一组用于训练机器学习模型,后一组用于评估训练模型的分类性能。值得注意的是,两个数据集之间没有重叠,这意味着测试组中的所有数据均为模型未见过的数据。

一般来说,分配给训练集的数据越多,学习就越多,从而可以产生更好的模型。常见分割比率包括三七分或二八分。如果数据规模很大,则可以使用五五分的分割比。

但是,有些示例数据规模较小,为了确保有足够的数据来训练模型,K 折交叉验证(K-Fold Cross-Validation)被广泛采用,以包含更多的训练数据,其基本程序如下:

(1)将数据集分为 K 个大小相等的子集。

(2)形成 K 个预测器,每个预测器使用 K 个子集中的一个子集作为测试集,其余 K−1 个子集作为训练集。

(3)最终的结果是这 K 个预测器的平均或多数投票结果。

在 K 折交叉验证中,所有数据点都用于训练模型并测试模型。

获得已训练的模型后,可以预测测试数据集,并将预测的目标值与实际目标值进行比较。这种比较称为性能衡量。对于分类问题(即目标为分类类型),我们使用二进制目标(Y=0 或 1,是或否)来引入几个流行的性能衡量指标(见表 6.1)。

表 6.1　　　　　　　　　　　　　混淆矩阵

	预测 Y=0	预测 Y=1
实际 Y=0	TN	FP
实际 Y=1	FN	TP

此性能表被命名为混淆矩阵。我们称"实际 Y=1"是正样例(P),或数据中实际正观测的数量。相反,"实际 Y=0"是负样例(N),或数据中实际负观测的数量。根据这一定义,预测目标值与实际值之间的比较可产生四种情况:TN 实际是负样例,预测为负样例;FN 实际为负样例,预测为正样例;FP 实际为正样例,预测为负样例;TP 实际为正样例,预测为正样例。TN 和 TP 都是正确的分类,而 FN 和 FP 都是错误的分类。最后,我们可以生成基本的评价指标。

$$准确率(Accuracy)=\frac{TP+TN}{TP+TN+FP+FN} \tag{6.1}$$

$$查准率/精确率(Precision)=\frac{TP}{TP+FP} \tag{6.2}$$

$$查全率/召回率(Recall)=\frac{TP}{TP+FN} \tag{6.3}$$

$$F 值(F\text{-}Measure)=2\times\frac{Precision\times Recall}{Precision+Recall} \tag{6.4}$$

对于回归问题(即目标为数字类型),性能度量的基本思路是计算预测目标值 $\hat{y}_i$ 与实际目标值 y_i 之间的差值。一些常见的性能度量指标如下:

$$平均绝对误差(Mean Absolute Error,MAE)=\frac{\sum_{i=1}^{n}|y_i-\hat{y}_i|}{n} \tag{6.5}$$

$$均方误差(\text{Mean Squared Error,MSE})=\frac{\sum\limits_{i=1}^{n}(y_i-\hat{y}_i)^2}{n} \tag{6.6}$$

$$均方根误差(\text{RMSE})=\sqrt{\text{MSE}} \tag{6.7}$$

$$平均绝对百分比误差(\text{Mean Absolute Percentage Error,MAPE})=\frac{\sum\limits_{i=1}^{n}|(y_i-\hat{y}_i)/y_i|}{n} \tag{6.8}$$

【示例 1】

假设目标实际值为 10、22 和 50,模型产生的相应预测值分别为 12、18 和 47,请计算 MAE、MSE、RMSE 和 MAPE。

答案:

$$\text{MAE}=[|10-12|+|22-18|+|50-47|]/3=(2+4+3)/3=9/3=3$$
$$\text{MSE}=[(10-12)^2+(22-18)^2+(50-47)^2]/3=(4+16+9)/3\approx9.67$$
$$\text{RMSE}=\sqrt{\text{MSE}}\approx3.11$$
$$\text{MAPE}=[|-2/10|+|4/22|+|3/50|]/3\approx0.147\,3=14.73\%$$

5. 容量、过拟合和欠拟合

机器学习的核心挑战是,已训练模型必须在以前未观测的新输入上表现良好,而不仅仅是在训练数据上。在以前未观测的输入中表现良好的能力称为泛化。

在训练机器学习模型时,我们通常可以访问训练集;我们可以计算训练集上的一些误差度量,即训练误差,并减少这些训练误差。到目前为止,我们描述的只是一个优化问题。机器学习与优化的区分在于,我们希望泛化误差,也称为测试误差降低。泛化误差定义为新输入的误差期望值,这种期望来自不同的可能输入(来自我们期望系统在实践中所遇到的输入分布)。

我们通常通过测量机器学习模型在与训练集中单独收集的测试样本集上的性能来预估机器学习模型的泛化误差。

训练和测试数据是通过数据集的概率分布而生成的,可称之为数据生成过程(Data-Generating Process)。我们通常会做出一套假设,统称为独立同分布(I.I.D.)假设,假设每个数据集的示例彼此独立,训练集和测试集分布相同,即来自相同的概率分布。此假设使我们能够描述数据生成过程,以及单个示例中的概率分布。相同的分布用于生成每个训练示例和每个测试示例。我们称之为基础共享分布,即数据生成分布(Underlying Shared Distribution the Data-Generating Distribution),表示为 p_data。这种概率框架和假设使我们能够从数学上研究训练误差和测试误差之间的关系。

我们可以观察到训练误差与测试误差之间的直接联系,因为随机选择的模型的期望训练误差等于该模型的期望测试误差。假设我们有一个概率分布 $p(x,y)$,我们从中反复采样以生成训练集和测试集。对于某些固定值 w,期望训练集误差与期望测试集误差相同,因为两个期望都是经由相同数据集采样过程而形成的。此两种情况的唯一区别是我们给样本数据集分配的名称。

当然,当我们使用机器学习算法时,我们不会提前固定参数再对两个数据集采样。我们是先对训练集进行采样,然后用它来选择参数,以减少训练集误差并对测试集进行采样。在

此过程中,期望测试误差大于或等于期望训练误差值。决定机器学习算法性能的因素是其在以下方面的能力:

一是减小训练误差;

二是减小训练和测试误差之间的差距。

这两个因素对应机器学习的两个核心挑战:欠拟合(Underfitting)和过拟合(Overfitting)。当模型无法在训练集上获得足够低的误差值时,会发生欠拟合;当训练误差和测试误差之间的差距过大时,则会发生过拟合。

我们可以通过改变模型的容量来控制模型是否更可能过拟合或欠拟合。非正式地来看,模型容量是其拟合各种功能的能力。低容量的模型可能难以拟合训练集,高容量的模型可能通过记忆一些不能很好服务于测试集的训练集性质而过拟合。

6.2 无监督学习

无监督学习模型的数据是未被标记的,这意味着给定输入,它的期望输出是未知的。无监督学习就是在数据集中挖掘隐藏模式。本节将详细介绍三种无监督算法:关联分析、聚类(分层和 K 均值)和主成分分析(降维)。

6.2.1 关联分析

 学习目标

了解关联分析的概念和应用。

了解 Apriori 算法的技术。

 主要内容

要　点

● 关联分析(Association Analysis)旨在发现数据库中经常同时发生的项。

● Apriori 算法(Apriori Algorithm)使用向下闭包原理来加快学习过程。

重点名词

● 支持度(Support):X 和 Y 一起出现在数据库记录中的次数百分比,即 $P(X \cap Y) \times 100\%$。

● 置信度(Confidence):条件概率 $P(Y|X) \times 100\%$。

● 提升度(Lift):在数据库记录中,X 和 Y 一同出现的概率与仅 X 或 Y 单独出现的概率的比,即 $P(X \cap Y)/[P(X) \times P(Y)] \times 100\%$。

● 向下闭包原则(Downward Closure Principle):通过消除所有非频繁项集来加速搜索频繁项集的原理。

1. 关联分析的概念

关联分析旨在发现数据库中经常发生的项。例如,零售经理可能想要知道购买面包的客户是否也会购买花生酱和牛奶的概率,通过了解这一点以便在产品安排、货架空间规划和有效实施产品促销战略方面助力经理。这个过程被广泛称为市场购物篮分析(Market Basket Analysis),源于对客户交易数据库的研究,以确定不同购买项之间的依赖关系。

关联分析将大量数据转换为一组有数学原理支持的语句,每个语句都称为关联规则(Association Rule)。一般关联规则具有以下格式:

$$X \rightarrow Y(支持度,置信度)$$

其中,X被称为关联规则的前提,Y为关联规则的结果。此规则表示在特定的规则支持度与置信值下,X决定Y。

2. 支持度、置信度和提升度

数据集中有许多潜在的关联规则,但并非所有规则都很有价值。通常使用三种度量指标来描述前提与结果之间的关系。

一是支持度,指X和Y一起出现在记录数据库中的次数百分比,即$P(X \cap Y) \times 100\%$,其中符号"$\cap$"是指交集。支持度是规则显示的相对频率。在许多情况下,您可能需要寻求高水平的支持度,以确保这是一种有用的关系;但若您试图寻找"隐藏"关系,则可能会出现低支持度有用的例子。

二是置信度。即条件概率$P(Y|X) \times 100\%$,根据贝叶斯定理,也可写作$P(X \cap Y)/P(X) \times 100\%$。置信度是度量规则可靠性的指标。

三是提升度,指在记录的数据集中X和Y一起出现的情况与X和Y独立出现的概率之比,即$P(X \cap Y)/(P(X) \times P(Y)) \times 100\%$。

其中,P(X)或P(Y)只是记录数据库中出现X或Y的概率。

在关联分析过程中,设置了两个阈值,即最低支持度和最低置信度,以找到有趣的规则。通常,具有高支持度和高置信度的关联规则会被视为有趣的或重要的。一般来说,大于1.0的提升度值意味着前提与结果之间的关联比前提与结果独立时的期望要重要,提升度值越大,关联规则就越有趣。

3. Apriori算法

关联分析中使用的一种经典技术是Apriori算法(Agrawal, et al., 1996)。

鉴于预先定义的最低支持度和最低置信度阈值,Apriori算法是找出所有支持度值大于或等于最低支持度阈值的,以及置信度值大于或等于最低置信度阈值的关联规则。

Apriori算法的关键思路是从一个项(单个项集)等开始,逐步生成频繁项集,直到生成各种规模的频繁项集。用户应在进行分析之前确定阈值,算法分两个阶段执行:

第一阶段包括查找所有频繁项集。频繁项集是那些支持满足用户最低支持度阈值的项目。

第二阶段是从已识别的频繁项集中生成符合置信要求的关联规则。其思路是过滤剩余规则,并只选择那些高置信度的规则。

4. 向下闭包原理

Apriori算法可以使用向下闭包原理来加速搜索频繁项集。这一原理表明,如果子集不频繁,则其超集必定不频繁。通过此原理,简化了频繁项集的识别,因为所有非频繁项集都会自动消除,以确保不需要对其支持度进行评估。

例如,为确保以下项集{A,B,C}作为频繁项集能够满足最低支持度阈值,其子集{A}、

{B}、{C}、{A,B}、{A,C}和{B,C}也必须满足支持度阈值的频繁项集。应用此概念可推理出,若{A}、{B}、{C}、{A,B}、{A,C}或{B,C}中的任何一个是不频繁的,则{A,B,C}本身不能是一个频繁项集——减少了评估{A,B,C}支持度的需要。使用此原则,关联分析计划将更有效地识别频繁项集。

5. 关联分析的应用

关联分析可用于改善各种应用的决策,如市场购物篮分析、医疗诊断、生物医学文献、蛋白质序列、人口普查数据、欺诈检测、信用卡业务的客户关系管理(CRM)等(Rajak and Gupta,2008)。

6.2.2　聚类

 学习目标

了解层次聚类和 K-Means 的概念。

了解聚类的优势和局限性。

 主要内容

要　点

● 层次聚类是构建集群的层次结构,可以使用凝聚方法或分裂法来完成。

● K-Means 将每个数据观测分配给最近的集群,同时尽可能保持"均值"小,此处的"均值"是集群中数据的中心。

重点名词

● 相似度矩阵(Proximity Matrix):测量数据集中两个数据观测结果之间的距离。

● 连接测量(Linkage Measurement):测量两个簇之间的距离。

1. 聚类的概念

聚类分析(或简单聚类)是一类探索性技术,旨在发现自然数据组。在商业和金融环境中,聚类适用于市场细分和信用评分等分析。在市场细分中,聚类分析将消费者分为不同的群体,以获得混合的销售策略,实现收入最大化。在信用评分中,银行或信用卡公司可以应用聚类技术,通过分析交易规模、交易量以及债务人的个人信息(如信用额度、年收入和职业)来识别潜在的欺诈行为。

聚类不会揭示变量之间的关系(如关联分析)。相反,它旨在对对象进行分组,以识别具有高度内部(簇内)相似性和外部(簇间)差异的组。

2. 聚类功能

聚类可以作为一种独立、无监督学习的方法,还可以布局预处理工作以供进一步分析。聚类有三个主要功能:

(1)识别具有共同特征的对象,使决策者能够根据分组做出正确决策(如开头强调的市场细分示例)。

(2)作为进一步数据分析或处理的探索工具。直观地分组观测意味着发现了离群值并

置顶了有关潜在多变量关系的假设。

（3）识别集群最具代表性的记录，以确保后续分析的简便性，易于管理。

3. 层次聚类

聚类算法根据分组数据观测可分为两种主要类型：层次聚类（Hierarchical Clustering）和划分聚类（Partitioning Clustering）。如图 6.1 所示，层次聚类的主要目标是构建集群的层次结构，而划分聚类则努力构建 K 组非重叠分区。

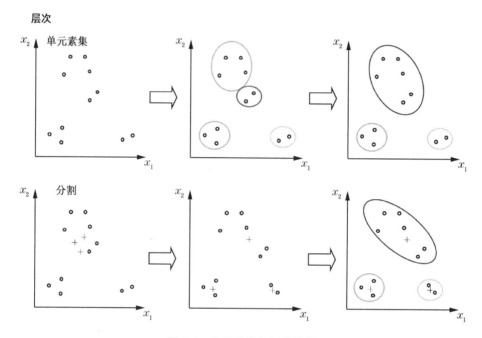

图6.1　分层聚类与划分聚类

层次聚类可以使用凝聚方法或分裂方法进行。前者是一种"自下而上"的方法。最初，每次观测结果都被归为一个单一的簇；在接下来每个步骤中，一对簇合并为一个，向上移动层次结构，直到所有观测结果都归为一个簇。后者正好相反，是"自上而下"的方法。所有观测结果都从一个集群开始，当一个点层次向下移动时，会递归地执行拆分；因此，这个过程是一个集群拆分成两个，然后三个，直至单个。层次聚类的结果通常以树状图（Dendrogram）的形式呈现。

我们使用凝聚层次来说明聚类过程。在每一步中，凝聚层次聚类需要在两个簇之间做出决定。由于聚类是将观测结果分配成几个异质组，且每个组内部都是同质的，故而凝聚层次聚类是将彼此最接近的两个簇合并。换句话说，每一步距离最小的两个簇都会合并。

相似度矩阵在每一步得到构建并更新。相似度矩阵用于测量任意两个数据观测结果之间的距离，然后合并距离最小的两个簇。在第一步中，距离介于两个数据观测结果之间，我们可以使用任何距离度量来量化它，如欧拉距离（Euclidean Distance）、曼哈顿距离（Mahalanobis Distance）、闵可夫斯基距离（Minkowski Distance）等。在后续步骤中，距离位于两个簇之间，有各种连接指标用于测量两个簇的接近程度，具体如下：

● 单个连接（Single Linkage）：两个簇中所有可能观测对的最小距离。

● 完整连接(Complete Linkage):簇中所有可能观测对的最大距离。

● 平均连接(Average Linkage):两个簇中所有观测对的平均成对距离。

● 中心连接(Centroid Linkage):两个簇的中心之间的距离。

● 沃德连接(Ward's Linkage):最小化总体的簇内平方和,称为簇的误差平方和(ESS)。

无论使用哪种连接指标,连接距离最小的两个簇将被合并成新簇。

层次聚类的优点是易于理解和解释。然而,该技术的性质限制了其应用。

首先,我们需要手动决定聚类结果,如簇的数量。

其次,由于相似度测量,输入数据必须是数字数据。此算法不适用于混合数据类型。

最后,该方法很费时。因此,采用层次聚类处理大规模数据集是效率低下的,更适合对小规模数据集进行分组。

4. 划分聚类:K-Means

K-Means 是一种流行的划分聚类技术。与分层方法不同,它利用在聚类过程开始前选择的种子,以剖析观测结果所跨越的空间。

K-Means 的聚类过程取决于初始分配规则。它通常随机初始化聚类或选择使彼此能更好地分离的种子。例如,图 6.1 中的"＋"点是初始种子,K-Means 的簇是指由于某些相似性而汇总在一起的数据点集合。

我们定义的目标数值 K,指的是质心或簇的数量。质心是代表集簇中心的假想或实际位置。然后,通过减小簇内平方和,将每个数据观测结果分配给每个簇。换句话说,K 均值将每个数据观测结果分配给最近的簇,同时尽可能保持"均值"小,这里的"均值"是数据的平均值,即质心。

K-Means 的一般流程如下:

第 1 步:定义簇的 K,初始化簇的 K 个质心种子。

第 2 步:对于每个数据观测结果,计算其与每个簇的质心的距离,将其分配给距离最小的簇。

第 3 步:更新 K 个簇的质心。

第 4 步:检查是否符合停止标准。如果符合,则终止迭代;否则,返回到第 2 步并重复该过程。

值得注意的是,在聚类过程中,K 个簇的数量是不会改变的,但数据观测结果会根据它们对质心的接近性而进出簇,这反过来又需要更新簇的质心来作为进一步重新分配簇成员的基础。

停止标准也是一个重要因素。停止标准告诉算法何时停止更新簇。它可以是最大迭代次数,或者新形成簇的质心不变,或者变化小于预先定义值。必须指出,设定停止标准不一定能获得最佳的聚类结果,但要确保返回相当不错的结果。

与层次聚类方法相比,K-Means 更高效,且更易实施于大规模数据集。但它仍然有一些局限性:

第一,聚类结果对初始的质心很敏感;

第二,主要用于检测球形聚类,所以在检测任意形状的聚类方面效果不佳;

第三,对于检测混合数据类型的数据集并不理想(与层次聚类相同);

第四,受离群值数据观测的影响,因为 K-Means 使用质心对数据进行分组。

6.2.3　主成分分析(PCA)

学习目标

了解主成分分析的概念。

主要内容

要　点

● 主成分分析(Principal Component Analysis,PCA)是一种降维工具,旨在将大型变量集降为小型变量集,但仍包含大部分原始信息。

重点名词

● 主成分(Principal Components):从原始数据中提取的重要信息。这些成分可以构建为线性组合或初始变量混合物。

1. 什么是主成分分析?

对于高维数据集,其变量的数量是巨大的,若仅仅从列数来看,其数量也是巨大的。在处理这类数据时,我们可能会遇到一些问题。例如,我们可能需要了解变量之间的隐藏相关性,因为许多变量可能会因此拟合出一个过拟合的结果。主成分分析是解决此问题的流行算法。

一般来说,PCA 是一种降维工具,旨在将大型变量集降为小型变量集,但仍包含最原始的信息。它是一个非常灵活的工具,可以容忍一些常见的数据问题,如值的缺失、多重共线性和不精确的测量。

2. 什么是主成分?

主成分表示从原始数据中提取的重要信息。这些成分是可以构建为线性组合或初始变量混合的新变量。这些组合是为了使新变量(即主成分)不相关,同时将初始变量中的大部分信息挤压或压缩入前几个成分中。假设数据集的维度为 p,则 PCA 会尝试将最大可能信息放在第一成分中,然后是第二成分的最大剩余信息。此过程一直持续到计算 p 主成分等于原始变量数。

要构建主成分,我们需要了解所有可能变量对之间的相关性,换句话说,了解变量彼此之间的变化。为了识别这些相关性,我们需计算协方差矩阵(Covariance Matrix)。协方差矩阵是一个 $p \times p$ 的对称矩阵,它记录了关于初始 p 个变量对的所有可能的协方差。

PCA 的魔力在于它能够利用协方差矩阵特征向量与特征值的力量。特征向量和特征值是成对出现的,特征向量数等于维度 p。有趣的是,协方差矩阵的特征向量是按最大方差(最多信息)的轴的方向,即所谓的主成分。特征值仅仅是附加在特征向量上的系数,给出了每个主成分中携带的方差量。通过按其特征值对特征向量从高到低排序,我们可以得到按重要性排序的主成分。

通常,我们仅使用前几个主成分来表示原始数据集,因为它们包含了大部分信息(如>90%),这些主成分实现了降维。

3. 主成分分析的局限性

PCA 是对进一步分析有用的预处理工具,如多变量数据分析。但是,PCA 的分析结果的可读性与可解释性并不如原始数据集,生成的主成分是多个初始变量的组合,可能没有精确的实际含义。

6.3　有监督学习

有监督学习模型使用给定数据记录进行训练。数据被标记,这意味着输入所带来的期望输出是已知的。输入也称为解释变量或自变量,输出也称为目标或因变量。输出可以是数字值(即连续值)或分类值(即二进制值或标称值),模型可以相应为估算或预测模型。本节主要介绍三种监督算法:线性回归(估计模型)、逻辑回归(预测模型)和决策树(估计兼预测模型)。

6.3.1　线性回归

 学习目标

了解线性回归的概念和应用。

了解如何构建线性回归模型并解释其结果。

了解如何使用回归函数进行估计。

 主要内容

要　点

- 线性回归是一种模拟数字目标与一个或多个解释变量之间关系的线性方法;线性是指目标表示为系数的线性函数,而非输入的线性。
- 正(负)系数表示目标输入的正(负)影响。
- 所学的线性回归函数可用于对未见过的输入数据进行估计。
- 线性回归可用于目标估计和关系挖掘。

重点名词

- 线性回归(Linear Regression):一种对数值目标与一个或多个输入变量之间的关系进行建模的线性方法。
- 系数(Coefficients):预测变量中一单位变化,同时其他模型解释变量保持不变时,响应变量的平均变化。

1. 线性回归的概念

线性回归通常被认为是基于统计的机器学习方法。统计学涉及数据的概率分析和解释。作为"基于观测数据进行推论的科学,以及面对不确定性做决策的整体问题"(Freund and Walpole,1987),统计学试图从样本数据中概括总体属性。具有与总体及其子集相似特征的样本被收集以构建用于生成总体特征数值的估计量。在统计学中,线性回归是一种对数值目标与一个或多个输入变量之间的关系进行建模的线性方法。

在线性回归中，即 $Y=\beta_0+\beta_1X_1+\beta_2X_2+\dots+\beta_kX_k+\varepsilon$，目标变量($Y$)通常是一系列输入变量 X 的线性"加和"函数；回归模型的 β_j 是模型构建中关注的参数，代表变量 X_j 对 Y 影响的方向与幅度的第 j 个系数；ε 是误差项，或代表变量间关系中所有潜在不确定性的残差，误差项的包含意味着目标变量 Y 是一个估计值。

根据输入变量的数量，线性回归可以表示为简单线性回归或多元线性回归。简单线性回归模型是一个具有 y 轴截距 β_0 和斜度 β_1 的线性函数。Y 的实际值与基于 $\beta_0+\beta_1X_{1i}$ 的估计值之差为 ε。当输入变量数变成两个或更多时，线性回归是多元的。如果想要绘制可能关系，则需要在图表中添加更多的轴，随后线性曲线被替换为平面($k=2$)或由超平面($k>2$)取代。

在线性回归中，线性是指目标表示为系数(β)的线性函数，而非输入的线性。因此，$Y=\beta_0+\beta_1X_1^2+\varepsilon$ 和 $\ln(Y)=\beta_0+\beta_1X_1+\varepsilon$ 均为线性模型，但 $Y=\beta_0/[1+\beta_1e^{-\beta_2X_i}]$ 并非线性模型。

2. 线性回归的构造和结果解释

线性函数上的所有点都是相应观测值(Y)的预测值($\hat{Y}$)。执行回归分析的目的是使用样本数据来估计系数数值 β，即 $\hat{\beta}=\{\hat{\beta}_0,\hat{\beta}_1,\dots,\hat{\beta}_k\}$。

一旦估计了所有系数，就可拟合得到回归方程。我们可以通过解释的信号来获得输入和目标之间的关系。当 β_j 值大于 0 时，X_j 与 Y 呈正相关；若 β_j 小于 0，则 X_j 与 Y 呈负相关；特别地，当 β_j 等于 0 时，则 X_j 与 Y 无关，意味着 X_j 对 Y 的价值没有影响。常数 β_0(与任何输入无关)是描述线性函数所必需的，且可能不具有任何特定含义。

已学习的线性回归函数 $\hat{Y}=\hat{\beta}_0+\hat{\beta}_1X_1+\hat{\beta}_2X_2+\dots+\hat{\beta}_kX_k$ 现在可以应用于给定具体 Xs 值对 Y 进行估计。估计值 $\hat{\beta}=\beta$ 是非常罕见的，因为估计回归模型是基于样本数据的。

【示例 2】

假设构建线性回归模型来估计公司的月收入(Y, $\$'000$)，$X_1$ 为广告支出($\$'000$)，$X_2$ 为销售队伍的规模(No.)，X_3 用于节假日的参数(1:11 月到 2 月；0:其他月份)，X_4 是推出的新产品参数(1:是；0:否)。根据其包含 85 个观测值的时间序列数据集，估计回归系数为：$\hat{\beta}_0=18.5$，$\hat{\beta}_1=4.2$，$\hat{\beta}_2=0.7$，$\hat{\beta}_3=25.0$，以及 $\hat{\beta}_4=55.0$。假设该公司在 12 月推出一款新产品，销售队伍为 98 人，广告支出为 30 万美元，那么估计收入是多少呢？

答案：

$\hat{Y}=18.5+4.2(300)+0.7(98)+25.0(1)+55.0(1)=18.5+1\,260+68.6+25+55\approx 1\,427.1$(美元)

3. 线性回归的应用

线性回归在日常生活中有许多用途。它有助于深入了解消费者行为、评估商业趋势、做出估计，或预测、分析某些销售活动的营销效果、定价和促销活动，就如上述示例中显示的公司收入分析一样。此外，线性回归还可用于金融风险评估。大多数应用都根据人们希望如何使用已学习的回归函数分为一个或两个大类。

第一，线性回归能够将估计模型拟合到被标记的数据集。如上所示，若在开发此类模型后，新解释变量在没有附带目标值的情况下被收集，则拟合模型能够估计目标值。

第二，线性回归可用于挖掘目标与解释变量之间的隐藏关系。目标是由解释变量变化导致的响应变量变化，线性回归分析可以量化关系的强度，并确定某些解释变量是否可能与目标完全没有线性关系。

6.3.2　逻辑回归

 学习目标

了解逻辑回归的概念和应用。

构建逻辑回归进行预测，并能够解释结果。

了解如何使用逻辑回归函数进行预测。

 主要内容

要　点

- 逻辑回归（Logistic Regression）是开发一个预测方程来解释输入变量对目标变量产生的影响；逻辑回归的目标必须是二进制的。
- 逻辑回归使用 Logit 函数来测量目标变量的发生概率。
- 系数的值、符号和显著水平解释了输入对目标产生的影响。
- 已学习的逻辑回归函数可用于预测。

重点名词

- 逻辑函数（Logit Function）：一种流行的联系函数，用于使输入明确"解释"逻辑回归中目标 Y 的发生的流行联系函数，也被称为 Sigmoid 函数（Sigmoid Function）。
- 比值比（Odds Ratio）：事件 X＝1 发生的概率与事件 X＝0 发生的概率之比，常被用于表达两种不同条件下事件发生的相对概率。

1. 逻辑回归的概念

逻辑回归是线性回归之后被广泛使用的预测模型之一。与线性回归一样，逻辑回归建模的目标是开发一个预测方程来解释目标变量的发生。它们之间的唯一区别是，逻辑回归的结果或解释变量是二进制的，例如：是/否、好/坏、成功/失败、恢复/复发。

逻辑回归是基于广义线性模型框架（Generalise Linear Model，GLM）建模的，此框架使分析师能够对最常见的业务和经济过程进行建模。要对 Y 进行建模，必须遵循三个关键步骤。

第 1 步：从指数分布族（包括伯努利、二项式、泊松、正态、贝塔、指数、伽马和韦布尔）中选择 Y 的适当分布。

第 2 步：插入有意义且可解释的联系函数，将输入 X 与 Y 的期望目标值连接起来。

第 3 步：使用极大似然技术来构建模型。

2. 模型构建

第 1 步：选择伯努利分布来描述 Y。

Y 最合适的概率密度函数是伯努利分布：

$$f(y)=p^y(1-p)^{1-y} \tag{6.9}$$

式中，参数 p 满足 $0 \leqslant p \leqslant 1$。因此 Y＝1 的概率为 $f(y=1)=p^1(1-p)^0=p$，同样 Y＝0 的概率为 $1-p$。无证据情况下说明，Y 的平均值和方差分别为 p 和 $(1-p)$。

在逻辑回归的情况下,假设一个样本有 n 个目标值和输入值的独立观察值:

$$(x_{11},\dots,x_{k1};y_1)$$
$$(x_{12},\dots,x_{k2};y_2)$$
$$(x_{1n},\dots,x_{kn};y_n)$$

式中,下标 i 指的是第 i 次观测($i=1,2,\dots,n$),观测结果是独立且相同分布的。模型中有 $1<k<n$ 个输入,而提出的模型在本质上是"多元"的。基于伯努利分布和上述讨论,y_i 的概率分布为 $f(y_i;p_i)=p_i^{y_i}(1-p_i)^{1-y_i}$。

第 2 步:选择 logit 函数作为联系函数,将输入 X 与 Y 连接起来。

使用恰当的联系函数使输入能明确"解释"目标 Y 的发生。由于 p_i 管控 y_i 的发生且 $p_i \in (0,1)$,X 对 Y 的影响必须表示为 p_i 的函数,以便它被限制在 0 到 1 内。请注意,X 可能是度量或非度量。这里最合适的函数为逻辑函数,也称为 Sigmoid 函数(见图 6.2):

$$p_i=\frac{1}{1+e^{-z}}=\frac{1}{1+e^{-[\beta_0+\beta_1 X_{1i}+\dots+\beta_k X_{ki}]}} \qquad (6.10)$$

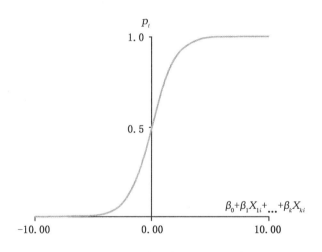

图 6.2　逻辑函数(sigmoid 函数)

逻辑函数有几个有趣的性质值得注意:

一是 p_i 被限制在 0 到 1 内。

二是逻辑函数的 Sigmoid 形状告诉我们,当线性产出 $z=\beta_0+\beta_1 X_{1i}+\beta_2 X_{2i}+\dots+\beta_k X_{ki}$ 值接近 0 时,p_i 值接近 0.5。这种情况发生在没有一个输入变量可有效地解释 y_i 时。直观地说,如果输入变量无法解释 y_i,则 $y_i=1$ 或 $y_i=0$ 的概率是一半一半的。

三是如果 $\beta_0+\beta_1 X_{1i}+\beta_2 X_{2i}+\dots+\beta_k X_{ki}$ 非常大,那么 p_i 值非常接近 1。同样,如果 $\beta_0+\beta_1 X_{1i}+\beta_2 X_{2i}+\dots+\beta_k X_{ki}$ 值非常小,那么 p_i 值非常接近 0。

在选定好逻辑函数作为联系函数后,基于样本数据采用极大似然估计(Maximum Likelihood Estimation,MLE)来估计参数 β_s。Y 值取 0 或 1 的概率取决于 $\frac{1}{1+e^{-[\beta_0+\beta_i X_{1i}+\dots+\beta_k X_{ki}]}}$。通过已知的 Xs 值和已估计的参数 β_s,我们可以预测 Y 值。

在获得系数 β_s 的估计值后,我们可以使用预测方程 $\frac{1}{1+e^{-[\beta_0+\beta_i X_{1i}+\dots+\beta_k X_{ki}]}}$ 进行预测。因

为 $\dfrac{1}{1+e^{-[\beta_0+\beta_i X_{1i}+\dots+\beta_k X_{ki}]}}$ 是一个数字值,所以应将阈值转换为 0 或 1。该值的确定取决于不

同问题,但不应小于 0.5。假设我们选择 0.5,那么当 $p_i=\dfrac{1}{1+e^{-[\beta_0+\beta_i X_{1i}+\dots+\beta_k X_{ki}]}}\geqslant 0.5$ 时,

则 Y 将被归类为 1;否则,它将被归类为 0($p_i<0.5$)。

【示例 3】

假设双输入逻辑回归模型已完全拟合,即 $\hat{\beta}_0=0.5$ 且 $\hat{\beta}_1=1.7$,那么给定 $x_i=1$, y_i 应如
何被归类呢?假设 Y 的分类为 0 和 1。

答案:

$$\hat{p}_i=\frac{1}{1+e^{-[0.5+1.7X_i]}}=\frac{1}{1+e^{-[0.5+1.7]}}=\frac{1}{1+e^{-2.2}}\approx 0.90,$$ 如果界限是 0.5,那么 y_i 被归类

为 1。

需要注意的是,虽然设置是非线性的,但实际上逻辑回归是线性分类器。考虑一个双输
入的逻辑回归模型,若让 Y 的二进制类别为 1· 和 0*(见图 6.3),则线性函数 $\beta_0+\beta_1 X_1+$
$\beta_2 X_2$ 应用于分离 1 与 0,这是逻辑回归分类的基础。

在这种情况下,我们称线性函数图上方的区域为 0 区域,因为此区域 0 比 1 多。同样,
图下方的区域称为 1 区域。请注意,一些观察结果被错误地分类了,逻辑回归模型旨在提供
"最佳"估计线性函数,将 1 和 0 以尽量最低的错误分类率分开。

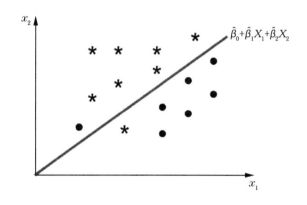

图 6.3 逻辑回归模型作为线性分类器

3. 模型解释

逻辑回归模型允许分析人员执行预测并提供有意义的模型解释。

(1)系数的符号和显著水平。如上所述,逻辑回归使输入能明确地解释目标 Y(Y=1)。
这个解释是由系数 β 给出的。若 $\beta>0$,则相应地输入变量会增加 Y=1 的发生概率;若 $\beta<$
0,则输入变量会降低概率。β 的绝对值越大,输入对发生概率的影响就越大。

逻辑回归模型使用 Wald 检验来评估影响发生概率的意义,即 p 值。在统计中,通常若
$p<0.05$,则相应变量被认为显著。因此在逻辑回归中,若 p 值<0.05,则相应的输入变量
是影响 Y 发生概率的显著因素。

简而言之,该符号和系数显著性反映了相应的输入变量将如何以及多大程度地决定目

标 Y 的发生。

(2)比值比。采用 $p_i/(1-p_i)$ 得值：

$$\frac{p_i}{1-p_i}=\frac{1}{1+e^{-[\beta_0+\beta_i X_{1i}+...+\beta_k X_{ki}]}}\div\frac{e^{-[\beta_0+\beta_i X_{1i}+...+\beta_k X_{ki}]}}{1+e^{-[\beta_0+\beta_i X_{1i}+...+\beta_k X_{ki}]}}=e^{\beta_0+\beta_1 x_{1i}+...+\beta_k x_{ki}}$$

$\dfrac{p_i}{1-p_i}$ 称为比值，量化了观测事件为 X=i 的可能性相比于观测事件不为 X=i 的机会。

观测事件为 X=1 的概率为 $\dfrac{p_1}{1-p_1}$；观测事件为 X=0 的概率为 $\dfrac{p_0}{1-p_0}$。最后，比值比被定义为发生事件 X=1 的概率与发生事件 X=0 的概率之比。在数据统计中，比值比通常用于表示事件在两种情况下的相对机会。

若其中一个 x，如 x_j 是二元的并标记为 0 或 1，则比值比为：

$$\frac{p_1}{1-p_1}/\frac{p_0}{1-p_0}=\frac{e^{\beta_0+\beta_1 X_{1i}+...+\beta_j+...+\beta_k X_{ki}}}{e^{\beta_0+\beta_1 X_{1i}+...+0+...+\beta_k X_{ki}}}=e^{\beta_j}$$

因此，当所有其他输入值保持不变，e^{β_j}($j=1,2,...,k$)通常被称为 X_j 的比值比。例如，性别(0:女性;1:男性)可能与是否订阅摇滚乐频道有关(0:否;1:是)。由于女性的性别被分配为 0 值，因此选择女性听众作为参考类别。若估计系数 β 为 0.487 5，那么可以得出结论：男性听众订阅摇滚乐频道的可能性是女性听众的 $e^{0.487\,5}$ 或 1.63 倍。

4. 逻辑回归的应用

与线性回归一样，逻辑回归也可以进行预测和关系挖掘，可应用于金融、医疗、保险、模式识别、天气预报等多个领域。

以信用卡为例，银行可能暗示特定 EMI 选项，以将投资组合的风险最小化，并确定可能导致客户违约的前五因素。

6.3.3 决策树

 学习目标

了解决策树的概念。

了解 CART 和 C5.0 树。

 主要内容

要　点

● 决策树(Decision Tree)使用树状模型将数据集递归到越来越异质的子集中。

● CART 树可以解决回归(估计)和分类(预测)问题，它使用杂质度量(Impurity Measures)为每个节点找出最佳拆分输入(Split Input)和拆分值(Split Value)。

● C5.0 是一种分类树，它使用信息理论来选择拆分输入和拆分值。

重点名词

● 决策规则(Decision Rule)：根据观测所呈现的输入值，从根节点导航到叶节点的决策路径。每一条从根到叶的路径都是一条决策规则。

- 拆分(Splitting):将节点分割成两个或两个以上子节点的过程。
- 剪枝(Pruning):一种通过去除节点来减少决策树规模的方法(与"拆分"相反)。

1. 决策树的概念

决策树是通过使用树状模型将数据集递归到越来越异质的子集中来构建的(Zhang amd Singer,1999),是显示仅含有条件控制语句的算法的一种方式。

决策树常用的几个基本术语如下:

- 根节点(Root Node):整个样本数据进一步被分割成两个或两个以上的异构子集。
- 父节点(Parent Node):一个节点被分割为子节点。
- 子节点(Child Node):属于父节点的子节点。
- 分支/子树(Branch/Sub-Tree):决策树的子部分。
- 拆分(Splitting):将节点分割成两个或两个以上子节点的过程。
- 叶/终端节点(Leaf/Terminal Node):没有子节点的节点。
- 剪枝(Pruning):一种通过去除节点来减少决策树规模的方法(与"拆分"相反)。

通常,数据分割过程由树表示。根节点包含整个数据样本,每个剩余节点包含其直属节点中的数据样本子集。分割过程在每个子节点上重复,直到达到叶节点(其值代表目标值)。

鸢尾花数据集包含三种品种的花卉:山鸢尾(Iris Setosa)、变色鸢尾(Iris Versicolor)以及维吉尼亚鸢尾(Iris Virginica)。

决策涉及每个非终端节点内的输入变量和拆分值。在每个叶子节点中,目标分类值可以标记为山鸢尾、变色鸢尾或维吉尼亚鸢尾。树枝对应数据空间中的分区,每个节点对应于特定输入上的分割。花瓣的长度和宽度是对花的物理测量。

根据观测结果的输入值,所有决策都是从根节点导航到叶节点来做出的。从根到叶子的每条路径都是决策规则。参照决策树(见图 6.4),我们可以得出以下决策规则:

如果鸢尾花的花瓣宽度≥1.8厘米,则是维吉尼亚鸢尾;

如果鸢尾花的花瓣宽度<1.8厘米,且花瓣长度≥2.9厘米,则是变色鸢尾;

如果鸢尾花的花瓣宽度<1.8厘米,且花瓣长度<2.9厘米,则是山鸢尾。

2. 决策树的构建

决策树归纳所考虑的输入可以是度量的或非度量的,目标可以是度量的或非度量的,树可以是回归树或分类树。

(1)节点拆分。构建决策树(又名树归纳)涉及选择"最佳"输入和对拆分点进行拆分。在确定拆分规则时,决策树方法用于查看分析中所含所有节点的所有可能的拆分。理想情况下,数据以产生"纯"终端节点的方式进行拆分(每个终端节点的所有观测结果都分配给相同目标)。与逻辑回归类似,并非所有考虑的输入都可能出现在最终决策树中,其中基于分割规则,被认为不太重要的输入会被省略。

存在多种方法来选择拆分输入和值。常见的杂质度量包括基尼杂质系数(Gini Impurity Index)、Towing 分割原则(Towing Splitting Criterion)、信息增益率(Information Gain Ratio)等。此外,拆分可以是二元或多元的,前者是将父节点分成两个子节点,后者是将父节点分成至少三个子节点。

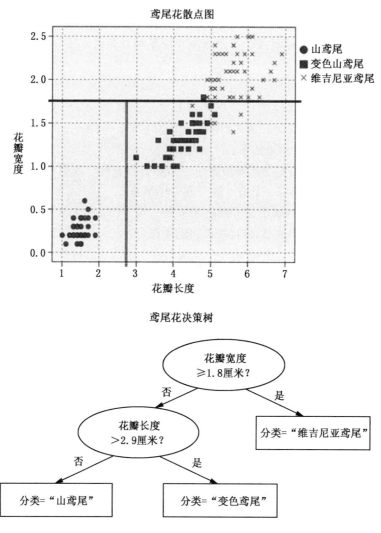

图 6.4　鸢尾花散点图和决策树

(2)树规模。生成的决策树可以使用其高度和深度来描述。

①决策树中节点 j 的深度是从根到 j 的路径长度。因此,根节点的深度为 0,树的深度是从其根到最远叶节点的最长路径。

②节点 j 的高度是从节点 j 到叶节点的最长路径长度。因此,树的高度是其根的高度。以图 6.4 为例,决策树的高度为 2,花瓣长度的节点深度为 1。

决策树的规模是树中的节点数。假设一棵树的深度是 d,且为二叉分裂树,则树的最大规模是 $2^{d+1}-1$。通常,如果树是多元拆分树,那么其规模会更大。控制决策树规模的一种可能方法是在实施树归纳之前确定所需的树深。

(3)停止和剪枝。必须防止决策树变得太大或太复杂。过度生长的树是不可取的,因其捕获了导致过拟合的次要和非必要的数据特征。当它对训练数据集的拟合无法应用于未见过的观测值时,该情况就会出现。众所周知,一棵树的复杂度,通常以树的深度、规模来衡量,对其准确性有重要影响(Breiman,et al.,1984)。因此,这个问题可以通过采用特定的停止规则来控制,例如预先指定树的规模或树深。

但是,停止规则可能并不起作用,因为许多阈值都是在没有适当理由的情况下固定的。鉴于此,控制树规模的替代方案是剪枝。剪枝有助于将过度生长的树减少到适当规模,它通过生成一些可能的子树进行比较来实现这一点,从而剪枝比停止规则在一次仅考虑一个节点的情况下更有优势。

3. CART

分类和回归树(Classification and Regression Tree,CART)由 Breiman 等人在 20 世纪 80 年代初开发,它既是估计器又是分类器。CART 具有以下特征:

第一,构建其中每个内部节点并正好有两个分支的树——通常称为二叉决策树。

第二,通过几种方法进行识别和拆分。该算法使用杂质度度量来量化节点的"纯度",有助于确定是否到达终端节点。如果节点的目标值或分类是同质的,且不需要进一步拆分,则该节点为"纯"。CART 还考虑了树归纳阶段的错误分类成本。在可度量目标值的情况下,CART 能识别出最小化估计中方差的拆分,其中每个叶节点中的预测都基于目标值的加权平均值。

第三,CART 首先从原始数据集中生成三个随机子集。第一个数据子集充当生长树的训练集;第二个数据子集用作提供树性能信息的测试集,反馈有助于修建所构建的树;第三个子集(也称为验证集)重新构建了最优子树的样本外预测准确度。

若要拆分节点,则 CART 使用的是杂质度量,如基尼杂质指数和熵。

(1)基尼杂质指数。在不损失一般性的情况下,考虑目标为二元的分类问题,特定节点 A 的基尼杂质指数计算公式为:

$$I(A) = 1 - \sum_{c=1}^{k} p_c^2 \tag{6.11}$$

式中,p_c 是节点 A 属于目标类别 c 的观测结果比例($k=1,2,3,\dots$)。请注意,离 0 越近,节点越纯粹或更加同质。$I(A)$ 的最大值是$(1-1/k)$,当 k 类别的观测结果比例相等时达到。

【示例 4】

CART 的节点 A 包含两种类型的目标类别(如图所示):$c=1$(300 个观测结果)、$c=2$(200 个观测结果)。

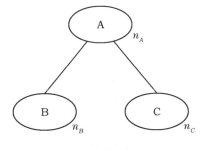

目标示例

答案:

其杂质指数是 $I(A) = 1 - \sum_{c=1}^{2} p_c^2 = 1 - [(300/500)^2 + (200/500)^2] = 0.48$。

假设父节点 A 被分为两个子节点 B 和 C,让 A、B、C 中的观测结果数分别为 n_A、n_B 和 n_C,那么 B 和 C 的综合基尼杂质指数为:

$$I(B,C) = (n_B/n_A)I(B) + (n_C/n_A)I(C) \tag{6.12}$$

基尼拆分标准是基于基尼杂质指数 $\Delta I(A,BC) = I(A) - I(B,C)$ 的减少。如果在所有可能的拆分方案中,某一拆分方案导致的杂质减少量最大,则选择该方案作为输入和特定值进行拆分。

假设根节点 R 的基尼杂质指数为 0.4,其两个子节点 A 和 B 的基尼杂质指数分别为 0.2 和 0.1,总共有 $n=100$ 个观测结果。在第一次拆分后,半数观测结果下降到节点 A,其余一半下降到节点 B,则基尼杂质综合指数是 $(n_A/n)I(A) + (n_B/n)I(B) = (0.5)(0.2) + (0.5)(0.1) = 0.15$。杂质减少量为 $0.4 - 0.15 = 0.25$。

(2)熵。第二种杂质度测量为熵,用于测量节点中捕获的信息内容(Applebaum,2008)。

$$E(A) = -\sum_{c=1}^{k} p_c \log_2(p_c) \tag{6.13}$$

以 bits 为单位,此测量范围从 0(最纯)到 $\log_2(k)$,其中 k 是 Y 中的类别数。这表明熵的值越高就代表越显著的杂质度。

熵还用于测量数据集的不确定性。所有属于 Y 特定类别的数据表明所选节点没有不确定性,即熵=0。

决策树归纳的基本目标是将数据反复分割到较小的子集中,以便所有观测结果都属于同类,即熵=0。与基尼杂质指数一样,熵的减少被认为是拆分标准。如果熵大幅减少,则进行如下拆分:

$$Gain(A,(B,C)) = E(A) - E(B,C) = E(A) - [(n_B/n_A)E(B) + (n_C/n_A)E(C)]$$

式中,E(A)代表父节点 A 的熵增,E(B,C)代表子节点 B 和 C 的组合熵,此标准也称为信息增益,即 $Gain(A,X)$,X 为拆分。信息增益是父节点中的原始信息与其子节点信息之间的差异。具有最高信息增益的特征被选为在决策树节点 A 中进行拆分的依据。

4.C5.0

与 CART 相反,C5.0 纯粹是一种分类树,采用商业决策树方法,其算法技术的细节尚未发布。与其他决策树模型相比,C5.0 通常被用于构建较小的树。此外,通过更高效的内存,C5.0 可以有效地处理大量数据集。

(1)增益率。C5.0 对信息获取进行了扩展,用了节点分割的方法来构建一棵树。将信息增益进行节点拆分往往会产生太多可能的分区。为克服此问题,可使用用于拆分节点 A 的输入 X 的增益比:

$$Gain(A,X)/Split(X) \tag{6.14}$$

式中,$Gain(A,X)$是使用熵减少计算的信息增益。

$$Split(X) = -\sum_{i=1}^{r} \frac{n_{iA}}{n_A} \log_2\left(\frac{n_{iA}}{n_A}\right) \tag{6.15}$$

式中,n_{iA} 是节点 X 第 i 类的观测结果数,n_A 是节点 A 中的观测结果总数。同样,信息增益率最高的输入被选为拆分节点 A 的输入。

(2)剪枝。为防止过拟合,C5.0 实施两种剪枝策略。

第一种策略是用叶节点代替子树(若替换导致的误差率接近原始树),从树底到根部进行代替。

第二种策略是用最常用的节点替代子树,其中子树从当前位置提升到树上的"更高"节点,也称为子树提升。

提升算法使 C5.0 方面有了显著改进(Freund,1995),其中可生成多个分类而非构建单一分类。成分分类将根据构造集内的错误分类率进行加权,未见过的观测结果将根据组合加权结果进行分类。

 参考文献/拓展阅读

[1]Agrawal R,Mannila H,Srikant R,et al. (1996),*Fast Discovery of Association Rules*,Advances in Knowledge Discovery and Data Mining,307—328.

[2]Applebaum D(2008),*Probability and Information:An Integrated Approach*,Cambridge:Cambridge University Press.

[3]Bengio Y,Goodfellow I & Courville A(2017),*Deep Learning*(*Vol.*1),Massachusetts,USA:MIT press.

[4]Breiman L,Fridman J,Olshen R,et al. (1984),*Classification and Regression Tree*,Pacific California:Wadsworth & Brooks/Cole Advanced Books & Software.

[5]Freund Y(1995),Boosting a Weak Learning Algorithm by Majority,*Information & Computation*,121(2):256—285.

[6]Freund J E,and Walpole R E(1987),*Mathematical Statistics*,Google Scholar Digital Library.

[7]Kolesnikov A,Zhai X & Beyer L(2019),Revisiting Self-Supervised Visual Representation Learning,In Proceedings of the IEEE/CVF Conference on Computer Vision and Pattern Recognition (pp. 1920—1929).

[8]Mitchell T M(1997),Machine Learning,New York:McGraw Hill.

[9]Rajak A,and Gupta M K(2008),Association Rule Mining:Applications in Various Areas,In Proceedings of international conference on data management,ghaziabad,india(pp. 3—7).

练习题

习题一

下列方法非监督机器学习的性能度量的是(　　)。

A. 总体准确度　　　　　　B. 召回率/查全率　　　　　　C. 置信度

习题二

假设我们使用 Apriori 算法分析超市交易,并且设定了最低置信度=60%。以下规则有意义的是(　　)。

A. 面包→果酱,置信度 50%

B. 纸巾→窗口清洁器,置信度 30%

C. 啤酒→尿布,置信度 65%

习题三

在层次聚类中,单链接方法根据最近的数据点 a 和 b 确定两个集群 A 和 B 的相似性,其中(　　)。

A. a 属于 A,且 b 属于 A

B. a 属于 A,且 b 属于 B

C. a 和 b 不属于任何集群

习题四

下列陈述正确的是(   )。

在 K-Means 聚类过程的每一步,_____。

A. 算法需要跟踪分配给每个集群的对象

B. 算法需要确定生成的集群数量

C. 算法更新集群的质心

习题五

K-Means 聚类对初始集群(   )的初始化非常敏感。

A. 形状   B. 质心   C. 规模

习题六

下列关于 PCA 的陈述不正确的是(   )。

A. 它可以降低数据维度

B. 生成的主成分是易于解释的

C. 它是一种无监督学习方法

习题七

下列函数属于线性函数的是(   )。

A. $Y = \beta_0 + \beta_1^3 X_1 + \beta_2 X_2$

B. $Y = \beta_0 + \beta_1 X_1 + \beta_2 X_2$

C. $Y = \beta_0 + \beta_1^{-\beta_2 X_1}$

习题八

关于逻辑回归的说法正确的是(   )。

A. 使用 logit 函数将连续输出转换为二进制时,阈值只能为 0.5。

B. 正参数表示相应变量可增加发生概率

C. 若参数 β_i 的 p 值为 0.04,则相应的变量 X_i 不显著。

习题九

执行 CART 来分类观测结果:$X_1 = 0$、$X_2 = 5$ 和 $X_3 = 1$。其决策是(   )。

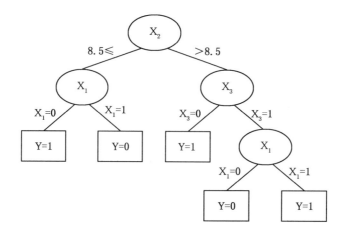

A. Y＝1　　　　　　　　B. Y＝0　　　　　　　　C. Y＝0 或 Y＝1

习题十

如果一棵成熟的决策树太大且可能训练过度,你能做些什么? 最合适的答案是( )。

A. 应用剪枝

B. 应用一些停止规则

C. 考虑剪枝和/或停止规则

参考答案

习题一

答案:选项 C 是正确的。

置信度是衡量无监督学习的性能度量。

习题二

答案:选项 C 是正确的。

具有高度支持度和置信度的关联规则将被视为有趣的或重要的。

习题三

答案:选项 B 是正确的。

单链接是两个集群中所有可能观测对的最小距离。

习题四

答案:选项 C 是正确的。

K-Means 的一般流程是更新 K 簇的质心。

习题五

答案:选项 B 是正确的。

聚类结果对初始质心很敏感。

习题六

答案:选项 B 是正确的。

生成的主成分是多个初始变量的组合,可能没有确切含义。

习题七

答案:选项 B 是正确的。

在线性回归中,线性是指目标表示为系数(这里为 β)的线性函数。

习题八

答案:选项 B 是正确的。

逻辑回归使输入明确解释目标 Y 的发生(Y＝1)。这个解释是由系数 β 给出的。若 $\beta>0$,则相应输入变量会增加 Y＝1 的发生概率。

习题九

答案:选项 A 是正确的。

在决策树中,每个子节点重复分割过程,直到达到其值代表目标值的叶节点。

习题十

答案:选项 C 是正确的。

可以通过采用特定的停止规则来控制问题,例如预先指定树的规模或树深。但是,停止规则可能不起作用,因为许多阈值都是在没有适当理由的情况下固定的。因此,控制树规模的替代方案是剪枝。

第7章 深度学习

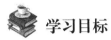

学习目标

了解深度学习的概念。

了解前馈与反向传播的概念。

主要内容

要 点

● 深度学习是人工智能机器学习的一个子领域,它处理受人脑生物结构启发的算法,以帮助机器实现智能决策。

● 深度学习算法基于神经网络,其中包括三种类型的层:输入层、隐藏层和输出层。

重点名词

● 前馈(Feed-Forward):使用从输入层到输出层的指定权重网络来预测可能的输出模式。

● 反向传播(Backpropagation):调整从输出层到输入层的连接权重。

1. 深度学习概念

深度学习是人工智能机器学习的一个子领域,它处理受人脑生物结构启发的算法,以帮助机器实现智能决策。它也被称为深度神经网络(Deep Neural Network,DNN)。

DNN 的简单版本表示为神经元的层次(分层)组织,从输入侧到输出侧均与其他神经元相连接(见图 7.1)。DNN 包含三层:输入层、隐藏层和输出层。它可能具有一个隐藏层或多个隐藏层。根据接收到的输入,一层上的神经元通过它们之间的加权连接将其传递给下一层上的其他神经元,最后形成一个复杂的网络,该网络可以通过某种反馈机制进行学习。反馈机制是一种学习方案,它通过考虑 DNN 的输出与输入的实际输出之间的差异来修改连接权重。基本思想是找一个连接网络,如此可以尽可能减少误差。

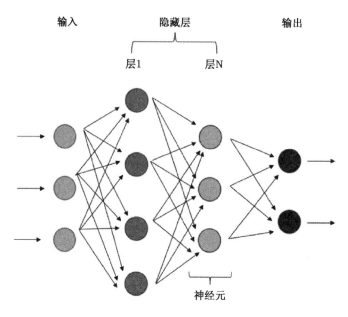

图 7.1　DNN 的简单版本

2. 前馈和反向传播

前馈和反向传播是一种被称为人工神经网络（Artificial Neural Network，ANN）的简单深度学习算法。图 7.2 对此过程进行了说明。

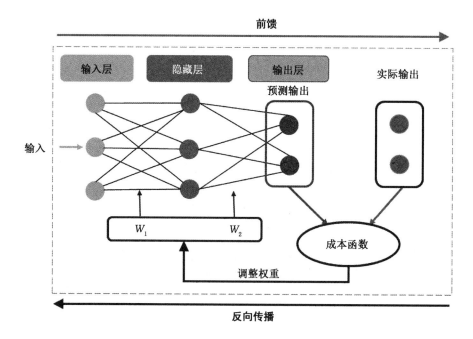

图 7.2　前馈和反向传播

最初,所有连接都是随机分配的权重值。给定输入,前馈算法使用分配的权重网络从输入层到输出层预测可能的输出模式。所有输入节点接收它们各自的值,并通过加权求和(可能包括偏差项)生成到隐藏层中节点的线性组合,然后通常通过一个非线性激活函数进行转换。在接收到输入后,隐藏层使用激活函数进行信息处理,以使用分配的权重预测输出模式。有多种激活函数可用于计算隐藏层和输出层,如 sigmoid 函数、softmax 函数等。

从前馈过程获得预测值后,反向传播算法会调整从输出层到输入层的连接权重。为此,采用成本函数来度量"误差",即实际输出值与预测输出值之间的差异。它能够判断学习模型的错误或不良程度。反向传播过程旨在通过调整先前各层的权重来降低当前的错误成本。无论网络中有多少层,它都需要递归地执行此操作。随机梯度下降(Stochastic Gradient Descent)常用于调整权重。

前馈和反向传播是一个循环学习过程。在找到成本函数的全局最小值之前,可能有成千上万,甚至数百万次循环。

3. 流行的深度学习算法

不同的连接类型和学习方案会带来各种各样的深层神经网络,例如卷积神经网络(Convolutional Neural Networks,CNN)、循环神经网络(Recurrent Neural Networks,RNN)、生成对抗网络(Generative Adversarial Networks,GAN)等。

CNN 使用了卷积的概念(Krizhevsky,et al.,2012)。它是具有一个或多个卷积层的神经网络,主要用于图像处理、识别、分割和其他自相关数据。卷积可以被认为是"查看函数的环境以更好地/更准确地预测其结果"[①]。因此,卷积的隐藏层可以从输入中提取特征,例如图像的纹理和形状特征。

RNN 是用于处理顺序数据的深度学习算法(Lipton,et al.,2015)。它可以通过将先前的输出或隐藏状态作为输入来记住序列,因此它的神经元连接不同于前馈和反向传播算法。RNN 被广泛用于机器翻译、语音识别、聊天机器人等领域。

与单个神经网络的 CNN 和 RNN 不同,GAN 是使用两个神经网络的算法架构(Goodfellow,et al.,2014),它将一个神经网络与另一个神经网络(因此称为"对抗性")对接以生成新的,如此可以传递真实数据的综合示例。它们被广泛用于图像生成、视频生成和语音生成。[②]

 参考文献/拓展阅读

[1]Goodfellow I J,Pouget-Abadie J Mirza M, et al. (2014),Generative adversarial networks,arXiv preprint arXiv:1406.2661.

[2]Infocomm Media Development Authority (IMDA), and Lee K C(2020),*Artificial Intelligence*, *Data and Blockchain in a Digital Economy*,*First Edition*, Singapore:World Scientific.

[3]O'Shea K & Nash R(2019),An introduction to Convolutional Neural Networks onwards Data Sci-

---

① An intriduction to Convolutional Neural Netwotks Data Science,May 2019,retrieved from https://towardsatsciense.com/an-introduction-to-convolutional-neural-network-eb0b60b58fd7.

② A Beginner's Guide to Generative Adversarial Networks(GANs),Pathmind,retrieved from https://wiki.pathmind.com/generative-adversarial-network-gan.

ence，May 2019，https：//arxiv. org/abs/1511. 08458.

[4]Krizhevsky A，Sutskever I & Hinton G E(2012)，Imagenet Classification with Deep Convolutional Neurl Networks，*Advances in Neural Information Processing Systems*，25，1097－1105.

[5]Lipton Z C，Berkowitz J & Elkan C(2015)，A Critical Review of Recurrent Neural Networks for Sequence Learning，arXiv preprint arXiv：1506. 00019.

[6]Zhang H-P & Singer B(1999)，*Recursive Partitioning in the Health Sciences*，New York，Springer.

练习题

习题一

下列不是深度学习中监督学习算法的是(   )。

A. 人工神经网络   B. 卷积神经网络   C. 自编码器

习题二

与相应描述不匹配的是(   )。

A. 输入层：包含将信息发送到输出层的输入神经元

B. 隐藏层：用于将数据发送到输出层

C. 输出层：数据在输出层转为可用

习题三

下列关于成本函数的陈述错误的是(   )。

A. 成本函数描述了神经网络给定训练样本和预期输出方面的性能

B. 成本函数可能取决于诸如权重和偏差之类的变量

C. 在深度学习中，我们的首要任务是最大化成本函数

习题四

关于前馈和反向传播，以下陈述错误的是(   )。

A. 反向传播是通过从前馈成本函数中学习来更新神经网络

B. 前馈和反向传播是两个独立的过程

C. 反向传播可以使用随机梯度下降来调整神经网络权重

参考答案

习题一

答案：选项 C 是正确的。

人工神经网络和卷积神经网络属于深度学习中的监督学习算法。自编码器属于深度学习中的无监督学习算法。

习题二

答案：选项 A 是正确的。

输入层包含将信息发送到隐藏层的输入神经元,而不是输出层。

习题三

答案：选项 C 是正确的。

在深度学习中,我们的首要任务是最小化成本函数。成本函数越小,神经网络的性能越好。

习题四

答案:选项 B 是正确的。

前馈和反向传播协同工作用于训练神经网络模型。

4

第四部分

计算机网络和网络安全

第8章　计算机网络

8.1　计算机网络概述

本节主要介绍不同的网络、网络的组成和计算机网络中各层的功能。

 **学习目标**

了解网络硬件、软件和网络体系架构的两个基本模型。

 主要内容

要　点

● 计算机网络可用于许多设置,包括商业、家庭和移动设置以及相关社会问题。

● 有多种类型的网络硬件(如局域网 LANs、个人域网 PANs)和软件(如各种协议层次结构)。

重点名词

● 计算机网络(Computer Networks):由单一技术相互连接的自主计算机的集合。

● 协议(Protocol):通信双方同意并遵循的一套规则,以便彼此进行通信。

1. 计算机网络的使用

本节将重点介绍计算机网络的用途,包括商业和家庭的不同用途、移动用途以及相关社会问题。

(1)商业和家庭应用。计算机网络的基本商业应用是资源共享,资源不再局限于物理资源,而是信息。例如,当员工在外地出差时,可以通过 Virtual Private Network(VPN)远程访问企业内网的服务器资源,它打破了地域的束缚。这个应用程序主要使用一个客户端-服务器模型。客户端-服务器模型(Client-Server Model)是一种区分客户端和服务器的网络体系结构。在这样的模型中,模型将接收来自客户端的请求,并处理它们,最后返回处理结果。图 8.1 说明了这个模型。

计算机网络也提供了强大的通信媒体工具,如电子邮件和视频会议。这有利于管理者和员工之间的沟通。通过互联网,企业可以开展各种电子商务活动,在互联网上与供应商和客户进行多次交易,如飞机制造商向多个供应商购买子系统,或在淘宝上购物。

计算机网络的家庭应用主要包括以下几点:

第一,获取远程信息。人们通常通过浏览网页获取从休闲到商业、从艺术到科学等方面的信息。

第二,个人之间的交流。例如即时通信,指的是可以在线实时交流的工具,通常被称为在线聊天工具(如 WhatsApp、FB Messenger、QQ、MSN 等)。更进一步来说,参与者可以使用点对点通信来共享他们的资源,并向网络中的其他用户提供服务和内容。这样的服务无须经过中介就可以直接访问。服务器和客户端都可以是这些网络的参与者。图 8.1 显示了点对点通信与客户端-服务器模型的不同之处。

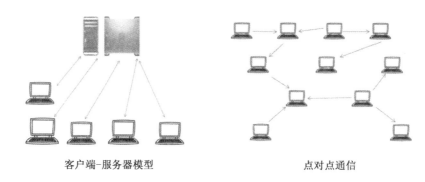

客户端-服务器模型　　　　点对点通信

资料来源:Tanenbaum 和 Wetherall (2010)。

图 8.1　客户端-服务器模型和点对点通信

第三,娱乐。例如,购买和下载 MP3 歌曲、观看互动电影、玩在线游戏。

第四,无处不在的计算。例如,电表、煤气表、水表的使用情况可以通过网络上报,摄像头可以直接将照片传输到电脑或其他设备。射频识别(Radio Frequency Identification,RFID)技术促进了物联网的建设。

(2)移动用户。基于无线网络的计算机网络对于移动用户主要有以下应用:

第一,移动计算机。对移动互联网连接的不断增长的需求继续驱动着笔记本电脑和其他便携式设备的发展。此外,蜂窝网络使我们的移动电话能够被无线网络覆盖。

第二,军事。在军事活动中,如果局域网不可靠,则军队需要使用其无线网络。

第三,可穿戴计算机。这种计算机是由轻型设备、手表等小型机械和电子部件组成。它类似于头戴式显示器(HMD),能够使计算机更加便携。它可以记录用户的状态,用于健康管理,并提供即时信息,如道路引导、周边信息等。

(3)社会问题。互联网的另一个应用来自它在处理政治、社会和道德问题上。其中一个主要问题是,它使人们的隐私更容易暴露。常见的担忧如雇主监视雇员的电子邮件、政府监视公民在互联网上传输的私人信息。还有一些私营部门跟踪用户的在线活动,导致信用卡号码等机密信息泄露。窃取个人敏感信息的钓鱼电子邮件和病毒也经常发生。

同时,人们在互联网上发布的文字、图片和视频可能会冒犯或伤害他人。更极端的言论可能导致不同宗教、种族或国家之间的冲突。网络运营商可以在监控用户和屏蔽某些内容方面发挥作用,然而,他们可能会苛待其他人,却给大公司提供更好的服务和更多的自由。

计算机网络也带来了新的法律问题,比如应对审判来自不同国家、在网上犯罪的罪犯的复杂性问题。

2. 网络硬件

计算机网络可以定义为一组由单一技术相互连接的自主计算机。网络主要分为两类:传输技术和规模,其中传输技术有两种。

一是广播链路(Broadcast Links):所有机器共享广播网络上的通信信道。短消息,有时称为数据包,它是从一台设备发送到网络上的所有其他设备,并在其地址字段中指定接收方。计算机会忽略或处理基于此地址字段的数据包。广播链路最常见的例子是无线网络。无线网络在其覆盖区域上共享通信,而这取决于传输机制和无线信道规范。广播是指使用地址字段中的特殊代码将数据包发送到所有目的地的一种操作方式。相比之下,多播指的是向广播系统中的机器子集传输。

二是点对点链接(Point-to-Point Links):这些链接连接单独的机器对。数据包可以首先访问至少一个中间设备,以到达这些链路组成的网络上的目的地。由于有几种可能的路线,找到最优路线是至关重要的。单播(Unicasting)是指只有一个发送方和一个接收方的点对点传输方式。

当按规模对网络硬件进行分类时,我们将它们的处理器间的距离作为一个度量标准。图 8.2 将这些网络按规模即从小到大的顺序进行了分类。

资料来源:Tanenbaum 和 Wetherall(2010)。

图 8.2　网络规模分类

(1)个人区域网络(Personal Area Networks,PAN)。PAN 允许设备在短范围内通信。例如,蓝牙和 RFID 都是短程无线网络。RFID 被用于智能卡和图书馆书籍。蓝牙可以将显示器、键盘、打印机等设备与个人电脑连接,或将数字音乐播放器与汽车连接。另一种类型的 PAN 是医疗设备,如起搏器或助听器,可通过用户操作的遥控器进行通信。

(2)局域网(Local Area Network,LAN)。局域网是一种私人拥有的网络,被限制在相对较小的空间内,如单一的建筑(家庭、办公室或工厂)。企业网络指公司使用局域网连接设备以共享资源(如打印机)。局域网有有线局域网和无线局域网,后者更受欢迎。每个设备都有自己的无线电调制解调器和天线,并通过无线局域网中的接入点(AP)与其他设备通信。AP 也被称为无线路由器。AP 还可作为已连接设备与 Internet 连接。WiFi 是无线局域网的一个例子和标准。

有线局域网比无线局域网性能更好,因为数据包可以更有效地沿线路传输,而不是以效率和连接强度为代价进行全方位传输。这种局域网主要由点到点的链路组成。以太网是有线局域网的一个例子。

(3)城域网(Metropolitan Area Network,MAN)。一个城域网覆盖一座城市。例如有

线电视网络和 WiMAX,它可提供高速无线互联网接入。

(4)广域网(Wide Area Network,WAN)。广域网覆盖很大的地理区域,例如一个国家甚至一个大陆。有线广域网的一个例子是在不同城市有多个分支机构的公司。在有线广域网中,每个分支机构的计算机被称为主机,而连接这些主机的网络的其余部分被称为通信子网(Communication Subnet),或者是子网。子网由两部分组成:传输线和交换元件。传输线是用来在机器之间传输数据位的。它们可以由铜线、光纤甚至无线电连接组成。在大多数广域网中,传输线连接成对的路由器。开关元件(Switching Elements),也称为开关(Switches),是一种结合了至少两条传输线的专用计算机。它们负责为传入线路上的数据选择传出线路,通常也被称为路由器。

广域网可能看起来像一个巨大的有线局域网,但有一些区别。首先,广域网网络的通信和应用分离也更大。虽然局域网是私有的,但在广域网中,通常由各方拥有并操作子网和主机。其次,广域网内的路由器通常与其他类型的网络技术相连。这意味着许多广域网都是互联网络,这将在下面进行描述。最后,子网可以连接不同的东西。

WAN 的一种流行变体是虚拟专用网(VPN),依托分支机构连接到互联网上,而不是传输线。这使互联网连接变得灵活多用,但缺乏对底层资源的控制。

除了因特网,广域网也可以使用互联网服务提供商(Internet Service Provider,ISP)网络。在这里,子网由不同的公司运营,通常被称为网络服务提供商。他们的客户基础环境通常是办公室。ISP 是一个子网运营商,它连接到其他网络,这些网络是互联网的一部分,允许客户向各种各样的接收器发送数据包。

使用无线技术的流行广域网包括移动电话网络和卫星网络,地面上的每台计算机都可通过卫星发送和接收数据。

(5)互联网(Internet)。互联网是两个或多个互联的网络集合。这个"互联网"(Internet,特指因特网)通常用来和国际互联网(WWW)相比较,是我们通常提到的最公认的互联网。相反,狭义的互联网只是指互联网络,允许连接的用户与另一个网络中的其他用户交流。互联网使用 ISP 网络连接企业网络、家庭网络和许多其他网络。

两个具有不同硬件和软件的网络是通过一个叫做网关(Gateway)的机器连接起来的。网关是根据它们在协议层次结构中运行的层来区分的。

3. 网络软件

(1)协议层次结构(Protocol Hierarchies)。大多数网络都是一层一层地组织在堆栈中。层的数量、内容、名称和功能可能因网络而异。协议是通信双方同意并遵循的一组通信规则。一个特定系统使用的协议列表(每个层一个)被称为协议栈。网络体系结构被定义为一组层和协议。

五层网络如图 8.3 所示。两个主机上相同层中的层称为对等层,它们遵循一组通信协议。[①] 正如名称协议层次结构所表明的那样,较低的层为较高的层提供服务。接口在每对相邻层之间,它定义了下层向上层提供哪些基本操作和服务。主机 1 向主机 2 发送消息时,主

---

① Protocol and Protocol Hierarchies(2020),19 August 2020,retrieved from https://www. tutorialspoint. com/Protocol-and-Protocol-Hierarchies#:~:text=Most%20networks%20are%20organized%20as,and%20adheres%20to%20specified%20protocols.

机 1 首先将数据流传递到最高层。在执行一些功能之后,这些信息被传递到更低的层。当它到达第一层时,它将数据流传递给包含电缆的物理介质。数据流到达主机 2 的第一层后,每一层根据与其对等层的协议执行指定的功能,并传递给更高的层。

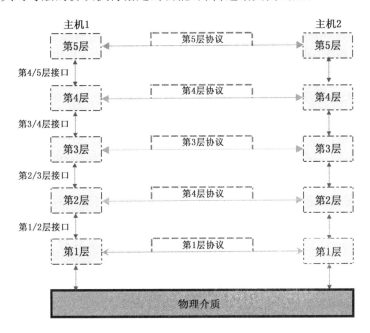

资料来源:Tanenbaum 和 Wetherall(2010)。

图 8.3　五层网络的层次、协议、接口

(2)层的设计问题。下面列出了一些网络架构层的关键设计问题:

①可靠性(Reliability)。网络需要持续运行,尽管它的组件不可靠。

②错误检测(Error Detection)和错误纠正(Error Correction)是使用代码来恢复或重新发送错误接收到的信息的机制。

③路由(Routing)。尽管从一个源结点到一个目的结点有多种可能的路由,但路由算法会选择最优的一条。

④可扩展性(Scalability)。当网络变得越来越大时,可能会出现问题。因此,这些层应该设计成当网络变得更大时还能够继续保持良好的工作状态。

⑤寻址(Addressing)。需要不同的机制来识别特定消息中的发件方和接收方,即底层寻址和高层命名。

⑥统计多路复用(Statistical Multiplexing)。这涉及跨主机的带宽资源分配,应根据每个主机的短期需求动态共享网络带宽。

⑦流量控制(Flow Control)。在发送速度快但接收速度慢的网络中,网络可能会变得拥挤,导致数据在传输过程中丢失。在这种情况下,我们可以在接收端使用流量控制机制,例如增加缓冲区大小以减少拥塞。

⑧机密性、身份验证和完整性(Confidentiality,Authentication and Integrity)。网络安全维护对于防范诸如通信窃听(机密性)、冒充他人(身份验证)和消息的可疑更改(完整性)等威胁至关重要。

⑨协议层(Protocol Layering)。随着网络规模的扩大，可能会出现新的设计，需要对现有网络进行更新。协议层是支持此更改的关键机制。它通过将问题分成更小的步骤并隐藏细节来实现这一点。

(3)层提供的服务类型。由低层向高层提供两种类型的服务：面向连接的服务(Connection-Oriented Services)和无连接的服务(Connectionless Services)。面向连接的服务遵循电话系统，在电话系统中由用户建立连接，然后由用户终止连接。相比之下，无连接的服务遵循邮政系统，没有建立或终止连接。[①]

后者不能保证可靠性，但它是大多数网络中比较常见的业务。在这种情况下，通常通过确认每条消息的接收来实现可靠性。根据消息的不同，这可能会导致延迟和需要额外的成本，或者可能不可取得。

(4)服务原语(Service Primitives)。服务指的是一组原语或操作，下层通过接口向上层提供这些原语或操作。这些原语指示服务执行或报告对等层实体执行的特定操作。原语的集合取决于所提供的服务的性质，上面提到的两种类型的服务之间存在差异。

六种服务原语类型如下：

①收听(Listen)。当服务器准备好接收传入连接并阻止等待传入连接时，将执行此原语。

②连接(Connect)。此原语与一个等待的对等点建立连接并等待响应。

③接受(Accept)。接受来自对等体的传入连接。

④接收(Receive)。阻止服务器等待传入消息。

⑤发送(Send)。向对等端发送消息。

⑥断开(Disconnect)。连接被终止，不能再发送任何消息。客户端和服务器都发送这个数据包来确认终止。[②]

4. 参考模型和五个层

开放系统互连(Open Systems Interconnection，OSI)参考模型是一种通用模型，用于处理对通信开放的系统的连接。它的协议没有被广泛使用，但每一层的特性是必不可少的。

以下是关于通用模型的概述，主要是从 OSI 模型改编而来的，从最底层开始：

物理层：负责在通信信道上传输数据。这一层位于物理介质之上。

数据链路层：专注于如何在具有给定可靠性水平的直接连接的计算机之间发送给定长度的消息。

网络层：通过将几个链路合并成一个网络，并将几个网络合并成互联网，从而允许数据包在远程主机之间发送。它们还会为要发送的数据包选择合适的路径。互联网协议(IP)是这里使用的主要协议。

传输层：目的是加强网络层的传输保障。两个主要协议是 TCP 和 UDP。

应用层：最高层，它决定了通信的本质，通过使用网络的程序来满足用户的需求。关于协议的例子见 DNS 和 HTTP。

① Difference between Connection-oriented and Connection-less Services-GeeksforGeeks(2019)，August 19，2020，retrieved form https://www. geeksforgeeks. org/difference-between-connection-oriented-and-connection-less-services/.

② Connection Oriented and Connectionless Services|Studytonight(2020)，August 19，2020，retrieved form https://www. studytonight. com/computer-networks/connection-oriented-and-connectionless-service.

TCP/IP 参考模型已经广泛应用于协议,但是模型本身并不重要。它拥有超过 12 个协议,其中最重要的有以下几个:

互联网协议(IP):这是负责 IP 寻址、主机到主机通信、数据封装、格式化等最重要的协议。[①]

传输控制协议(Transmission Control Protocol,TCP):面向连接的可靠协议。它允许主机的字节流毫无错误地传输到目标主机,并完成流控制。

用户数据报协议(User Datagram Protocol,UDP):这是一种不可靠和无连接的协议,在优先考虑及时发送时被广泛使用。

域名系统(Domain Name System,DNS):用于匹配主机名称和 IP 地址。

超文本传输协议(Hypertext Transfer Protocol,HTTP):用于获取万维网上的页面。

实时传输协议(Real-Time Transport Protocol,RTP):用于实时传输电影或声音等媒体。

8.2 五层结构

8.2.1 第一层:物理层

物理层的目的是沿着网络将比特从一个设备传输到另一个设备。它是最重要的一层,因为计算机之间的通信离不开物理层。

 学习目标

了解数据传输、传输介质、数字调制、通信协议、通信系统的理论基础。

 主要内容

要　点
- 通过共享通道将多个信号合并成一个信号的过程被称为多路复用。它包括三种形式:频分复用(FDM)、时分多路复用(TDM)、码分多路复用(CDM)。
- 目前用于连接多个通信设备的两种交换方法是电路交换和分组交换。

重点名词
- 多路复用(Multiplexing):在一个共享的信道上将多个信号组合成一个信号。
- 数字调制(Digital Modulation):在位和信号之间转换的过程。
- 多径衰落(Multipath Fading):大气层可能会折射微波。折射波到达目的地的时间可能比直达波要长。
- 保护频带(Guard Band):在多路复用中相邻信道之间的窄频被用于频分复用(FDM)以分隔信道。

---

① Computer Network | TCP/IP model-javatpoint(2020),August 21,retrieved form https://www.javatpoint.com/computer-network-tcp-ip-model.

1. 数据传输的理论基础

(1)傅里叶分析。傅里叶分析是将一般函数表示为简单三角函数的和。让·巴普蒂斯·约瑟夫·傅里叶(Baron Jean Baptiste Joseph Fourier)证明了周期函数可以分解为正弦和余弦分量的和:

$$g(t) = \frac{1}{2}c + \sum_{n=1}^{\infty} a_n \sin(2\pi nft) + \sum_{n=1}^{\infty} b_n \cos(2\pi nft) \tag{8.1}$$

式中,

f:基频($1/T$)

a_n:第 n 次谐波的正弦振幅

b_n:第 n 次谐波的余弦振幅

a_n、b_n、c 的计算方法如下:

$$a_n = \frac{2}{T}\int_0^T g(t)\sin(2\pi nft)dt \tag{8.2}$$

$$b_n = \frac{2}{T}\int_0^T g(t)\cos(2\pi nft)dt \tag{8.3}$$

$$c = \frac{2}{T}\int_0^T g(t)dt \tag{8.4}$$

(2)信道的最大数据速率。热噪声量的计算方法为信号功率与噪声功率的比值,即信噪比。信噪比通常用分贝(dB)表示:

$$信噪比(dB) = 10\log10(S/N) \tag{8.5}$$

式中,S 为信号功率,N 为噪声功率。

香农定理(Shannon's Theorem)给出了信道每秒比特数的最大数据速率。该定理可以表示为:

$$C = W \times \log2(1+S/N) \tag{8.6}$$

式中,

C:可实现的渠道容量

W:线路带宽

这个定理表明,如果信道的带宽增加,那么它的容量就会更高。

2. 传输介质

(1)导向传输介质(Guided Transmission Media)。主要有以下几种:

①磁性介质(Magnetic Media)。诸如磁带或可移动媒体之类的设备必须将数据从一个设备移动到另一个设备。磁性介质性价比高。

②双绞线(Twisted Pairs)。它是至今仍在使用的古老的传输介质之一。双绞线是指两根导线互相缠绕(就像 DNA 分子)。双绞线是一种广泛使用的铜线,它将大多数电话与电话公司连接起来,也可用于模拟和数字信息通信。对双绞线的使用是不同局域网标准所特有的。

③同轴电缆(Coaxial Cable)。它是一种电缆,由硬铜线为芯,周围有一层绝缘层,由一个紧密编织的导体包裹着绝缘体。塑料护套再次覆盖外部导体。由于同轴电缆的结构和屏蔽性,它具有高带宽和优良的抗噪声性能。同轴电缆具有更好的屏蔽性能和更大的带宽,可以以更高的速度跨越更长的距离。通常有两种不同阻抗等级的同轴电缆:50 欧姆电缆和 75

欧姆电缆。50 欧姆电缆主要用于数据和无线传输,75 欧姆电缆用于视频信号。

④输电线(Power Lines):它向建筑物提供电力。一旦输送到建筑物,电线就会将电力带到建筑物内的电源插座以供使用。

⑤光纤(Fibre Optics):用于网络骨干的长距离高性能传输。光缆与同轴电缆有相似之处,但缺乏同轴电缆标志性的编织层。光缆的五个主要组成部分是纤芯、包层、涂层、增强光纤和电缆护套。光传输系统有三个关键部件:光源、传输介质和探测器。光源传输数据;传输介质为超薄玻璃纤维,传输效率最高;探测器根据光信号产生电脉冲。多模光纤和单模光纤是两种基本类型的光纤。单模比多模更贵,但效率更高。与铜相比,光纤可以处理更高的带宽,提供更低的功率损耗。然而,缺点是纤维相对不那么柔韧,容易因过度弯曲而损坏。

3. 电磁频谱及其在通信中的用途

频率从 3kHz 到 30kHz 被称为甚低频(Very Low Frequency, VLF)。这个范围很容易被大气变化所扭曲。低频(Low Frequency, LF)范围为 30kHz~300kHz。对于远距离通信来说,这是一个很好的选择,因为它会被地球的电离层反射。中频(Medium Frequency, MF)范围为 300kHz~3 000kHz,它是一个最常用的频率,使用 AM 无线电传输、导航系统和紧急遇险信号。高频(High Frequency, HF)也称为短波,范围在 3MHz~30MHz。甚高频(Very High Frequency, VHF)广泛用于模拟电视广播和研究海冰厚度,频率范围从 30MHz 到 300MHz。图 8.4 显示了标准的电磁频谱使用。

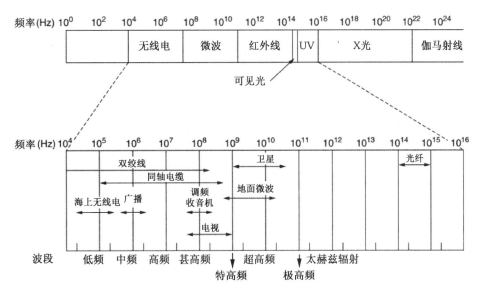

资料来源:Tanenbaum 和 Wetherall(2010)。

图 8.4　电磁波频谱及其通信用途

相关概念如下:

电磁波谱(Electromagnetic Spectrum):它是一个连续的波长范围。当电子移动时,可以通过空间传播的电磁波就产生了。

无线电传输(Radio Transmission):无线电频率(RF)很容易产生,传播距离很长,很容易穿透建筑物。这是由于它们的频率较低。无线电波倾向于沿直线传播,并在高频率的障碍物上反弹。在甚低频、低频和中频波段，无线电波会跟随地面，并可在较低频率约 1 000 千米范围内被侦测到。在高频和甚高频波段，考虑到地球的地波有被吸收的倾向，无线电波必须到达电离层。

微波传播（Microwave Transmission）：微波以直线传播，不能很好地穿透建筑物。微波可能被大气层折射，导致折射波比直接波需要更长的时间到达目的地。这种效应被称为多径衰落（Multipath Fading）。微波通信被广泛应用于长途电话通信、移动电话。

红外传输（Infrared Transmission）：非制导红外波被广泛应用于近距离通信。操作红外系统不需要政府的许可。

光传输（Light Transmission）：非引导光学信号或自由空间光学已经被使用了几个世纪。它安装起来相对容易，而且不需要许可证。

4. 数字调制

数字调制是指将数字信息（比特）转换为频率（信号），这是发送数字信息的必要过程。在一个共享信道上将多个信号组合成一个信号，这叫做多路复用。

5. 基带传输

基带传输是指在不将数字信号改变为模拟信号的情况下在信道上发送数字信号。用正电压表示 1、用负电压表示 0 是最简单的数字调制形式。基带调制的不同编码方案有 NRZ（Non-Return-to-Zero）、NRZI（NRZ Invert）、曼彻斯特编码和双极编码。

6. 通频带传输

在通频带传输中，对载波信号的幅度、频率或相位进行调制以传输比特。每个方法都有一个对应的名称。通带传输的类型有 ASK（幅移键控）、FSK（频移键控）、PSK（相移键控）和 QAM（正交幅度调制）。在 ASK 中，两个不同的振幅代表 0 和 1，而频率和相位保持不变。类似地，FSK 使用了多个音调。信号的频率被调制以发送比特。PSK 的最简单形式被称为 BPSK（二进制相移键控），其中载波仅使用两相，彼此之间的距离为 180 度。QPSK（正交相移键控）包括 4 个相位，其中 360 度相位上的每个点都是相等的。如果使用 4 个空格，QPSK 就可以使 BPSK 的数据速率翻倍。QAM 是 ASK 和 PSK 的结合。振幅和相位都被调制来表示信号电平。

7. 多路复用

多路复用让多个信号共用一个信道。用一根线传送多个信号比用一根线传送每个信号更有效。

8. 频分复用

FDM 利用通带传输来共享信道。它是一种把频谱分成一系列频带的技术，每个频带用来发送一个单独的信号。FDM 被应用于电话网、蜂窝网络、卫星网络等。

在多路复用中，相邻信道之间的一个窄频带为保护频带（Guard Band），FDM 中使用它来分隔信道。然而，在发送数字数据时，也可以在不使用保护频带的情况下有效地划分频谱。在 OFDM（正交频分复用）中，信道带宽被分成许多小频率（也称为子载波），这些小频率独立发送数据（如使用 QAM）。这些紧密排列的子载波存储在频域。因此，每个子载波的信号都能延伸到相邻的子载波。

9. 时分多路复用

在 TDM 中，用户以循环方式轮流使用，每个人都能在一小段时间内周期性地获得整个带宽。它作为电话和蜂窝网络的一部分被广泛使用。TDM 通过在给定的频率上分配每个用户来确保同步传输不会产生干扰。TDM 与 STDM(统计时分复用)非常不同。STDM 前缀"Statistic"表示单个流对复用流的贡献不是按照固定的时间表,而是根据它们的需求统计信息。

10. 码分多路复用

CDM 的运作方式与 FDM 和 TDM 不同。它是一种扩频通信形式,能将窄带信号扩展到更宽的频带上。CDM 允许多个用户共享一个共同的通信信道来发送信号,并可以使其更能容忍干扰。码分多址(CDMA)是用于前者的标准技术。CDMA 允许每个用户(或工作站)同时在整个频谱上传输他们的信号。每个比特再细分为 m 个被称为芯片的短间隔。通常每位有 64 或 128 个芯片。然后,每个用户被分配一个独特的 m 位芯片序列。当用户想要发送 1 位时,就发送该芯片序列。若要发送 0 位,则发送芯片序列的倒数。因此,数据传输速率与 m 成正比(假设技术和突破技术没有变化)。

11. 通信协议

载波监听多路访问(CSMA)是一种网络协议。1-持续性 CSMA 要求每个站首先监听信道,如果信道空闲,则立即发送。在非持续 CSMA 中,当一个站想要发送帧时,它会感知信道。如果信道不是空闲的,它就等待一个随机周期,然后重复线路。p-持续性 CSMA 适用于有缝信道。根据网络搜索,当发射台在信道繁忙时发送帧时,会以 p 概率发生在传输的末端。

12. 通信系统

(1)移动电话系统。移动电话系统支持广域语音和数据通信业务。

①第一代(1G)移动电话:模拟语音。1982 年,贝尔实验室发明了高级移动电话系统(Advanced Mobile Phone System,AMPS)。然后,陆地区域被划分成多个小区域。每个小区都有一个基站。基站由一台计算机和与天线相连的发射器/接收器组成。所有基站均接驳至移动交换中心(Mobile Switching Centre,MSC)或移动电话交换办公室(Mobile Telephone Switching Office,MTSO)。在第一代中没有全球性标准化。

②第二代(2G)手机:数字语音。2G 移动电话由 1G 的模拟系统转为数字系统。它有以下几个优点:提高了安全性;提供容量增益;使短信等新服务成为可能。在第二代中也没有世界范围内的标准化,所以各种系统被开发出来。然而,全球移动通信系统(GSM)是占主导地位的 2G 系统,它同时使用 FDM 和 TDM。GSM 空中接口(Air Interface)提供了移动基站和蜂窝基站之间的连接。基站控制器(Base Station Controller,BSC)可以控制小区基站并连接基站和移动交换中心(MSC)。移动辅助切换(Mobile Assisted Handoff,MAHO)是在 GSM 网络中使用的一种技术,移动设备帮助 BSC 将呼叫转移到另一个 BSC。

③第三代(3G)手机:数字语音和数据。国际电信联盟(International Telecommunications Union,ITU)发布 IMT-2000(IMT 代表国际移动通信),以支持更多样化的应用。IMT-2000 网络提供的基本服务包括:高质量的语音传输、消息传递、多媒体、上网。

④第四代(4G)手机:语音、数据、信号和多媒体。4G 主要分为两类:长期演进(Long-Term Evolution,LTE)和全球微波互联接入(Worldwide Interoperability for Microwave Access,WiMax)。LTE 是 3G 技术的延伸。该系统基于 GSM/EDGE 和 UMTS/HSPA 技术。WiMax 是一种主要用于移动设备的无线宽带接入标准。有了 4G,语音、数据、信号和

媒体的传输都将通过 IP 进行,连接速度有望比 3G 更快。

⑤第五代(5G)手机:物联网。5G 几乎没有滞后,反应速度比人脑快。预计它将提供更快的速度、更大的容量以及具备支持新功能和服务的潜力。

(2)交换(Switching)。目前用于连接多个通信设备的两种交换方法为电路交换和分组交换。电路交换是传统电话系统的基础,但随着 IP 技术的兴起,分组交换变得越来越流行。

电路交换是一种交换方法,在开始数据传输之前,通过在网络内的两个站点之间创建端到端路径。三个阶段为电路建立、数据传输和电路断开。对于长时间持续传播来说,这是一个很好的选择。另一个优点是数据传输延迟可以忽略不计。然而,电路交换需要更多的带宽,建立物理链路需要大量的时间。

分组交换是将数据分解成小块(或小包),然后传输到网络线路。与电路交换一样,在分组交换中传输延迟也最小。与电路交换不同,数据可以直接传输。这是一种具有成本效益的实施方法。然而,在海量数据传输过程中,可能会出现数据包丢失的情况。

8.2.2　第二层:数据链路层

数据链路层是物理层之上的第二层。数据链路层的任务之一是将来自网络层的数据包(如 IP)封装成帧,然后在网络相邻的节点之间传输数据。

 ## 学习目标

了解数据链路层的设计原则。

 ## 主要内容

要　点

● 数据链路层主要功能:封装成帧、错误控制、流量控制。
● 错误校正码和错误检测码之间的区别。
● 数据链路层的功能。

重点名词

● 错误检测(Error Detection:):一种用于检测数据传输中存在的噪声或其他损伤的技术。
● 循环冗余校验(Cyclic Redundancy Checks,CRC):一种用于检测数字数据错误的技术。
● 截断二进制指数回退(Truncated Binary Exponential Backoff):确定重复重传同一块数据所需时间的算法。
● 零位插入(Zero-Bit Insertion):一种位填充技术,在一系列的一个位之后插入一个零位,以突出序列的改变或中断。
● 确认(Acknowledges,Acks):是设备之间传递的信号,表示确认消息的接收。

1. 设计原则

数据链路层是管理进出通信通道的数据移动的协议层。它分为两个子层:逻辑链路控制子层(Logical Link Control Sub-Layer,LLC)和媒体访问控制子层(Media Access Control Sub-Layer,MAC)。数据链路层的三个主要功能:为网络层提供一个定义良好的接口;处理传输错误;控制数据流。

2. 层的设计问题

数据链路层可以设计为提供各种服务,提供的实际服务可能因协议而异。主要有三种合理的设计:

(1)未确认的无连接服务:无 Acks,无连接;错误恢复到更高的层;用于低错误率链路或语音流量。

(2)承认无连接服务:Acks 提高了可靠性;用于不可靠的信道(无线系统)。

(3)面向确认连接的服务:可靠比特流的传输;建立连接;按顺序发送数据包;连接释放;路由器间通信。

3. 错误检测和纠正

有三种主要的错误类型:单位错误、多位错误和突发错误。有两种处理错误的基本策略。纠错码是一种解决方案,它包含足够多的冗余数据,使接收方能够推断出原始信息是什么。错误检测代码包含足够多的冗余信息,这样接收者就知道错误已经发生,然后请求重新传输。

(1)纠错码。纠错码广泛应用于无线链路。汉明码、二进制卷积码、里德所罗门码和低密度奇偶校验码(LDPC)是四种主要的纠错码。

纠错码主要有两种方法:向后纠错和前向纠错。

向后纠错(Backward Error Correction):也叫"重传",是在数据传输中使用的一种方法,在这种方法中,如果接收端在接收帧中检测到错误,它就会请求发送端重新发送该帧。

前向纠错(Forward Error Correction):一种错误检测技术,不需要重传就可以检测和纠正错误。如果接收端在传入帧中检测到一些错误,它就会执行一个错误纠正代码来生成实际的帧。

(2)错误检测码。错误检测(Error Detection)是指用于检测数据传输中存在的噪声或其他损伤的技术。对于高质量的铜和光纤电缆,错误率要低得多,所以错误检测通常对处理偶然的错误更有效。

主要有三种技术被用于检测帧中的错误:奇偶校验(Parity Check)、校验和(Checksum)以及循环冗余校验(CRC)。奇偶校验是通过附加一个称为奇偶校验位的额外位来完成的。该方案仅适用于单比特错误检测。校验和是基于加法的。它是有效和直接的,但在某些情况下会提供弱保护,因为它不检测删除或添加零数据或交换部分的消息。循环冗余校验,也称为多项式代码,是一种功能强大且易于实现的技术。它是一种错误检测机制,其中一个唯一的编号被附加到一个数据块,以检测在存储或传输期间引入的任何变化。多项式代码是基于将位字符串视为仅具有 0 和 1 的多项式的表示。根据代数场论的规则,多项式按模 2 运算进行。在多项式算法中,发送方用预定的除数除以要发送的数据以获得余数。这个余数被称为 CRC。如果余数为零,则假定消息已被正确接收和接受。如果余数不为零,则表示消息已损坏,因此被拒绝。CRC 是一种有效的方法,通过使用适当的除法来确保低概率的未检测到的错误。

带有冲突检测的载波侦听多路存取(Carrier Sense Multiple Access with Collision Detection,CSMA/CD)是一种网络协议,在传输任何数据之前,通过节点感知媒体上的网络信号以检查通信量是否不足。CSMA/CD 是一种用于在媒体访问控制(MAC)层进行载波传输的网络协议。在该协议中,CSMA 通过在检测到碰撞时终止任何传输来改进,减少了重发传输所需的时间。

截断二进制指数回退(Truncated Binary Exponential Backoff)是指确定同一块数据重复重传所需时间的算法。

以太网要求每个发送器等待整数个时隙时间(51.2s)。对于 10mb/s 的以太网,发送512 位(64 字节)需要时隙时间。如果以太网在传输过程中没有碰撞,则后续数据也不会发生碰撞。

4. 数据链路协议

因特网、拨号调制解调器、租用线路等都需要点对点链接。一种叫做 PPP(Point-to-Point Protocol)的标准协议被用来在这样的链路上发送数据包。PPP 是面向字节而不是面向位的。Protocol 字段长度为两个字节,用来标识 PPP 帧封装的 PDU(Protocol Data Unit)。同步 PPP 使用位填充(与 HDLC 相同)。异步 PPP 使用一种称为字节填充的技术。PPP 的要求和非要求如表 8.1 所示。

表 8.1   PPP 要求和非要求一览

PPP 设计要求	PPP 非要求
简便	缺乏错误纠正/恢复
数据包分帧	缺乏流量控制
位透明度	无序交付不是问题
数据压缩协商	不需要支持多点链路
网络协议多路复用	—
错误检测	—
网络层地址协商	—
链接活跃度:检测到网络层信号链路故障	—

PPP 提供三个主要功能:一是用于覆盖多协议数据报的成帧方法;二是用于创建、配置和测试数据链路连接的链路控制协议(LCP);三是建立和配置不同类型的网络层协议的方法。一般来说,这意味着需要为每个支持的网络层使用不同的网络控制协议(NCP)。

(1)字节填充(Byte Stuffing)。来自物理层的比特流可分为数据链路层中的数据帧。字节填充是一种被称为标志字节的位模式,标志着一帧的结束和下一帧的开始。

其框架包括以下几个部分:

①Frame Header:帧的源地址和目标地址。

②Payload Field:要传递的消息。

③Trailer:错误检测和错误纠正位。

④Flags:帧开始和结束处的一个字节标志。

字节填充和位填充这两种方法常被用来传输数据。接收端数据链路层在给出网络层数据之前删除转义字节的技术被称为字节填充,也称为字符填充。PPP 协议使用字节填充的"转义"风格。

(2)位填充(Bit Stuffing)。每一帧使用一个特殊的位模式,即 0111110 作为开始和结束的标志字节。当发送的数据链层在数据中遇到 5 个连续的 1 时,自动在其后插入一个 0 到输出比特流中,当接收方看到 5 个连续的 1 时,它会在将数据发送到网络层之前自动取消 0 位的缓冲。上述技术叫做比特填充。

(3)零位插入(Zero-Bit Insertion)。零位插入是一种位填充技术,在一系列一个位之后插入一个零位,以突出显示序列改变或中断。零位插入可在 SONET/SDH 中实现透明传输。如果发送方遇到 5 个连续的 1 位,那么在这些位之后就可加一个额外的 0。当接收端检查 5 个连续的 1 时,如果 5 个连续的 1 后的下一位等于 0,那么 0 将被删除。

(4)PPP 链路上行和下行。PPP 负责建立、配置、测试、维护和终止传输链路。网络业务提供商(Internet Service Provider,ISP)采用它来提供拨号上网。用户使用调制解调器连接到 ISP,ISP 将用户连接到因特网。链路控制协议(Link Control Protocol,LCP)、网络控制协议(Network Control Protocol,NCP)用于在两个点到点设备之间传输多协议数据(如图 8.5 所示)。

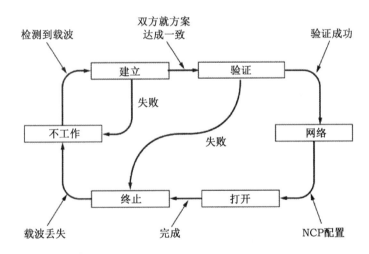

资料来源:Tanenbaum 和 Wetherall(2010)。

图 8.5 PPP 链路上行和下行状态

5. 以太网

LAN 的主要优点如下:

一是资源共享。在 LAN 的帮助下,可以共享计算机硬件资源和软件应用程序。

二是 LAN 的适应性很强。

三是系统安全。将数据保存在服务器上更安全。这是一种可靠的通信方式。

拓扑是指网络节点之间的互联模式。LAN 的基本拓扑结构有星型、树型、环型、混合型。

(1)以太网的性能。以太网在高负载和恒定负载条件下的性能表现为:

假设 k 个站点准备发送,每个站点在一个争用时隙中的发送概率为 p,则一个站点获得该时隙中的信道的概率 A 为：

$$A = kp(1-p)^{k-1} \tag{8.7}$$

当 $p = 1/k$ 时，A 最大。由于每个时隙的持续时间为 2τ，平均争用期时间间隔为 $2\tau/A$。如果平均帧传输时间为 T 秒，则：

$$通道效率 = \frac{T}{T + 2\tau/A} \tag{8.8}$$

因此，电缆越长，争用期间隔就越长。

（2）快速以太网的特性。快速以太网采用的是全双工通信方式（Full-Duplex Networks），因此 CSMA/CD 在实践中起着次要作用。以太网（IEEE 802.3）帧格式定义了有线以太网数据链路层的媒体访问控制（MAC）子层。如果电缆长度限制为 100 米，则帧间时间间隔从 9.6 微秒减少到 0.96 微秒。

（3）千兆以太网。千兆以太网的特点：提供高达 1 Gbps 的传输速率；支持全双工模式（支持 CSMA/CD）和半双工模式（支持 CSMA/CD）。

千兆以太网在带宽、电缆长度等方面提供了广泛的技术灵活性和可扩展性，因此从 1GbE 升级到 10GbE 很简单。10GbE 是一种将千兆以太网扩展了 10 倍的通信技术。它仅在全双工模式下工作，并将以太网在 LAN 中的传统应用扩展到 WAN（广域网）和 MAN（城域网）。

6. 网桥

网桥是一种网络设备，它将多个局域网（LAN）连接起来，形成一个更大的局域网。

网桥的好处：一是通过较小的细分减少网络流量；二是有助于扩展物理网络；三是减少碰撞；四是提高可靠性；五是连接具有不同速度的 LAN（如 10Mb/s 和 100Mb/s）。

网桥的缺点是复杂的网络拓扑结构，它无法帮助在不同架构的网络之间建立通信网络。

透明网桥是最广泛使用的网桥类型，它通过观察传入的网络流量来识别媒体访问控制（MAC）地址。IEEE 定义的透明桥接是 802.1D 中的行业标准。

透明网桥采用向后学习算法。当网桥启动时，它的路由表是空的：桥不知道地址在哪里；传入帧携带一个源地址，网桥查看帧的来源并记住它来自哪个局域网；如果传入帧有记住的目标地址，则仅将其发送到该地址。

滑动窗口协议（Sliding Window Protocol）是一种用于网络数据传输的流量控制方法。滑动意味着移动到一组新的消息。所有滑动窗口协议的本质是，在任何时刻，发送方维护一组序列号对应于它允许发送的帧。数据传输主要是双向的。实现全双工数据传输的一种方法是将两种通信都考虑为单工通信对。每个链接包括一个"正向"通道（用于数据）和一个"反向"通道（用于确认）。反向信道的容量几乎完全浪费了。一个更好的办法是在两个方向上使用相同的数据链接。捎带确认（Piggybacking）可以提供更好的带宽利用率。它是一种暂时延迟发送确认以连接到下一个发送数据帧的技术。

一位滑动窗口协议（One-Bit Sliding Window Protocol）也称为停止-等待协议。它是一个窗口大小为 1 的滑动窗口协议。在这个协议中，发送方发送一个帧，并在发送下一个帧之前等待它的确认。然而，它是低效的。如果发生多次提前超时，则帧可能被发送超过三次。

Go-Back-N 协议是一种滑动窗口协议，用于确保可靠和连续的数据帧传输。在这种协议下，发送方窗口大小被设置为任意数字 N，但接收方窗口将为 1。在接收到第一个帧的确认之前,协议将继续发送 N 帧(称为窗口)。如果没有接收到确认,则协议将从第一帧重新发送所有内容。如果错误很少,则它可以很好地工作。然而,如果线路较差,则它将在重传帧上浪费许多带宽。

选择性重复协议(Selective Repeat Protocol)允许接收端接受和缓冲损坏或丢失的帧。在这个协议下,发送方和接收方将分别维护一个未完成的和可接受的序列号窗口。在选择性重复协议下,发送方窗口大小从 0 开始,并增长到某个预定义的最大值。接收窗口的大小是永久固定的,并且等于预定的最大值。

8.2.3　第三层:网络层

网络层的主要任务是在源端和目的端之间提供可靠的端到端服务。站点将消息分成几个数据包,然后发送。但是,在传输过程中,数据包不需要按顺序发送。

 学习目标

了解设计问题、拥塞控制算法和网络层协议。

 主要内容

要　点

- 网络层的主要功能:路由、分片、互联、逻辑寻址。
- IP 地址方案:IPv4(32 位)、IPv6(128 位)。

重点名词

- 拥塞(Congestion):网络中出现太多的数据包会导致数据包延迟和丢失,从而降低性能。
- 非自适应算法(Nonadaptive Algorithms):算法不会根据当前网络拓扑和流量状况的任何测量或估计做出基本路由决策。
- 汇集树(Sink Tree):从所有源到给定目的地的最优路线的并集。
- 地址解析协议(Address Resolution Protoco,ARP):将动态 IP 地址转换为局域网(LAN)中相应的物理网络地址的协议。

1. 网络层设计问题

网络层是处理端到端传输的最低层。它在网络层/传输层接口上向传输层提供服务。网络层可以向用户提供两种类型的服务:数据报网络和虚拟电路网络。

数据报是无连接的服务,而虚拟电路是面向连接的服务。对于无连接服务,不需要任何预先设置。数据包(称为数据报)被单独注入网络(称为数据报网络)中,并相互独立地连接路由。对于不同的数据包,源和目的之间的路径可能不同。在面向连接的方法中,需要虚拟电路网络。每个包都带有一个标识符,用来决定它属于哪个虚拟电路。数据报和虚拟电路对比如表 8.2 所示)。

表 8.2 数据报和虚拟电路网络的比较

发　　布	数据报网络	虚拟电路网络
电路设置	不需要	需要
寻址	每个数据包包含完整的源地址和目的地址	每个数据包包含一个短的 VC 号码
状态信息	路由器不保存连接的状态信息	每个 VC 都需要有每个连接的路由器表空间
路由	每个包都是独立路径	设置 VC 时选择的路径;所有数据包都跟着它
路由器故障的影响	无,除了在崩溃期间丢失的数据包	所有通过故障路由器的 VCs 都被终止
服务质量	困难	如果能提前为每个 VC 分配足够的资源,就很容易了
拥塞控制	困难	如果能提前为每个 VC 分配足够的资源,就很容易了

资料来源:Tanenbaum 和 Wetherall(2010)。

2. 路由算法

网络层的主要功能是将数据包从源机器路由到目标机器。网络层用来决定传入数据包应该传输到哪一条输出线的软件被称为路由算法。路由算法可以分为两大类:非自适应和自适应。

非自适应算法(Nonadaptive Algorithms)也被称为静态路由算法,它并不根据对当前网络拓扑和流量状况的任何测量或估计来做出基本路由决策。自适应(或动态)算法(Adaptive or Dynamic Algorithms)在选择最佳路由时会根据流量和拓扑条件调整路由。自适应算法主要有三种,即集中式路由、隔离式路由和分布式路由,它们在改变路由时的信息收集方法和优化度量方面有所不同。

(1)最优性原则。假设路由器 J 在路由器 I 到路由器 K 的最优路径上,那么从路由器 J 到路由器 K 的最优路径也在相同的路径上。为了理解这一点,可把 I 到 J 的部分看作 r1,剩下部分看作 r2。如果存在一条比 r2 更好的路由,则可以将它与 r1 连接,以改善从 I 到 K 的路由。这与前面说 r1、r2 是最优路由的说法相矛盾。从所有源到给定目的地的最优路由的联合被称为汇集树。所有路由算法的目标都是确定所有路由器的汇集树。

最优性原则指出,当考虑路由器 X 到 Z 的最优路径时,如果路由器 Y 在这条路径上,那么从 Y 到 Z(以及 X 到 Y)的最优路径也在同一条路径上。汇集树描述了来自所有源的最优路径。

(2)最短路径算法。其思想是在给定图中找到给定一对路由器之间的最短路径。

Dijkstra 算法是一种标号最短路径算法。一旦一个节点被扫描,它的标签就被永久地设置并且不会再被更改。

(3)泛洪(Flooding)。泛洪是一种非自适应算法,其中每个传入的数据包都将通过除它到达的那条以外的每条输出线路发送出去,从而产生许多重复的数据包。一种方法是使用递减计数器,随着每一跳计数,当计数器达到零时丢弃;另一种方法是让路由器跟踪哪些数据包已经被淹没,并停止再次发送它们。泛洪的好处是保证每个节点都有数据包。因此,它是一种合适的广播机制。泛洪也可以作为判断其他路由算法选择从源到目的最短路径的良好基准。

④距离矢量路由(Distance Vector Routing)。距离矢量路由和链路状态路由是目前常用的动态路由算法。距离矢量路由使用了每个路由器必须维护的表,详细列出了到每个目的地最知名的路由以及到达那里的链接。这些表通过与路由器的邻居交换数据来定期更新。结果是每个路由器都知道到每个目的地的最佳连接。

⑤链路状态路由(Link State Routing)。链路状态路由是指每台路由器通过交换自己的邻域知识来学习整个网络拓扑结构的一种算法。链路状态路由有五个步骤:了解邻居;设置链路成本;构建链路状态数据包;分发链路状态数据包;计算新路线。

⑥层次路由(Hierarchical Routing)。随着网络规模的增长,路由器路由表也会成比例增长。路由必须是分层的,并组织成多个级别。对于大规模网络,它需要一个多层次的层次结构。

⑦广播路由(Broadcast Routing)。广播路由是指同时将一个包发送到所有目的地。为此,人们提出了各种方法来做这件事。一种不需要来自网络的特殊特性的方法是让源向每个目的地发送不同的数据包,但这种方法在实践中并不可取。每个数据包包含一个目的地列表或指示多目的地路由中所需目的地的位图。

⑧多播路由(Multicast Routing)。多播指的是向定义明确的组发送消息,这些组在数量上很大,但与整个网络相比较小。使用的路由算法被称为多播路由。

⑨选播路由(Anycast Routing)。选播路由是一种在多个节点上发布唯一 IP 地址的算法。DNS 或 CDN 等服务会使用它。

3. 拥塞控制算法

(1)拥塞(Congestion)。拥塞是指网络中出现过多的数据包导致数据包延迟和丢失,从而降低性能的情况。如果网络设计得不当,则网络可能会出现拥塞崩溃。

拥塞控制和流量控制之间的关系是非常微妙的。这两种方法都是通信量控制方法。拥塞控制和流量控制的主要区别在于,拥塞控制是一个涉及所有主机和路由器行为的全局问题。相反,流量控制是控制特定发送方和特定接收方之间的流量。

(2)Traffic-Aware 路由。Traffic-Aware 路由是一种根据网络用户在不同时区醒来和睡觉时发生变化的流量模式调整路由的算法。这样,它可以最大限度地利用现有的网络容量。

(3)准入控制(Admission Control)。准入控制被广泛应用于虚拟电路网络中,以防止拥塞。这背后的想法不是要建立一个新的虚拟线路,除非网络能够承载增加的流量而不会变得拥挤。当不可能增加容量时,减少负载是一种有用的方法。

(4)负载减少(Load Shedding)。如果 Traffic-Aware 路由和准入控制不能使拥塞消失,那么将使用负载减少。负载减少指的是网络不得不丢弃它不能发送的数据包。关键问题是应该丢弃哪些数据包。这里有两种策略:Wine(旧的比新的好)和 Milk(新的比旧的好)。

4. 服务质量

过度配置(Overprovisioning)是指通过分配超过网络运行所需的路由器来建立一个具有足够容量的网络的策略。这种解决方案的实现效率低、成本高。

为确保服务质素,必须解决四个问题:一是应用程序对网络的需求;二是网络流量调节;三是保留资源以保证性能的方法;四是网络流量的可伸缩性。

5. 网络层协议

在网络层,互联网可以看作是网络的集合,而自制系统(Autonomous Systems,ASes)是组成互联网的广泛网络。这些是由高带宽线路和快速路由器构成的。一级网络(Tier 1 Networks)是这些骨干中最大的,其他所有人都可以通过它连接到 Internet 的其他部分。与主干相连的是互联网服务提供商(Internet Service Providers,ISPs)。将整个互联网连接在一起的黏合剂是网络层协议(IP)。IP 已经被大量使用了几十年。除 IP 外,在网络层还有四种常用的 TCP/IP 通信协议:地址解析协议(Address Resolution Protocol,ARP)是一种将动态 Internet 协议(IP)地址转换为局域网(LAN)中相应物理网络地址的协议;反向地址转换协议(Reverse Address Resolution Protocol,RARP)是一种将接口地址转换为协议地址的协议;Internet 控制报文协议(Internet Control Message Protocol,ICMP)允许网络设备(如路由器)使用该协议来传输错误报告控制信息,并会由于网络问题而阻止 IP 数据包通过;Internet 组管理协议(Internet Group Management Protocol,IGMP)是主机和相邻路由器之间建立多播组成员关系的协议。

继电器控制系统有两个主要功能:一种是使电路跳闸;另一种是重新闭合电路。

物理层中继系统有中继器、桥接、路由器。

BRouter 也被称为桥接路由器,它可以在网络之间转发数据(网桥),并将数据路由到网络中的各个系统(路由器)。

(1)IP 地址。IP 地址指的是网络接口,而不是主机。因特网上的每一台主机和路由器都有一个 IP 地址,可以作为 IP 包的源地址和目的地址字段。当 IP 在 1981 年 9 月第一次标准化时,其规范要求每个连接到基于 IP 互联网的系统都应被分配一个唯一的 32 位互联网地址值。目前使用的 IP 地址有两个版本:IPv4 和 IPv6。

IP 地址格式通常分为网络 ID(用于标识主机的网络)和主机 ID(用于标识特定网络中的主机)。如果一个主机在两个网络上,那么它必须有两个 IP 地址。路由器有多个接口,因此有多个 IP 地址。因此,IP 地址可以分为不同的类别。

IPv4 地址可分为五类:

A 类:主要用于大型网络,如政府和大公司。

B 类:主要面向跨国公司等中型网络企业。

C 类:主要面向企业、高校等中小型网络。

D 类:主机地址和网络地址没有隔离。它允许多播。

E 类:用于未来使用和研究目的。E 类没有明确的用途。

然而,IPv4 也有一些局限性。IPv4 地址空间不足。IPv6 是一种替代设计,它提供了用十六进制表示法表示的 128 位地址。有 8 个 16 位的 IPv6 地址块,每个块用冒号分隔。IPv4 和 IPv6 的区别如表 8.3 所示。

表 8.3　　　　　　　　　　　　　　IPv4 和 IPv6 的比较

分　类	IPv4	IPv6
地址长度	32 位	128 位
地址表示方式	十进制	十六进制

续表

分　类	IPv4	IPv6
端到端连接完整性	不可实现	可实现
地址配置	手动和 DHCP 配置	自动配置和重新编号
信息传输	广播	多播和任意播放
校验和字段	可用	不可用
数据包格式	IPv4 数据包由头包和数据组成,头包含路由和传递所必需的信息	一个 IPv6 数据包有三个部分:一个基本头包、一个或多个扩展头包和一个上层协议数据单元(PDU) 上层 PDU 是上层协议头及其有效载荷的组合

(2)地址解析协议(ARP)。地址解析协议(ARP)是一种通用的 IP 网络地址转换协议。

与 ARP 相关的重要术语如下:

ARP 缓存(ARP Cache):它包含用于存储 IP 地址的表。

ARP 缓存超时时间(ARP Cache Timeout:):MAC IP 地址在 ARP 缓存中可以保留的时间。

ARP 请求(ARP Request):ARP 请求报文中包含发送方的物理地址、发送方的 IP 地址和接收方的 IP 地址。

ARP 响应/应答(ARP Response/Reply):一个 ARP 请求是广播,一个 ARP 响应是单播。使用 ARP 有几种典型情况:发送者是一个主机时,它需要向同一网络上的另一台主机发送一个数据包,使用 ARP 查找其他主机的物理地址;它需要向另一个网络上的另一台主机发送数据包,使用 ARP 找到路由器的物理地址。发送方是路由器时,它需要向另一个网络上的主机发送一个数据报,使用 ARP 找到下一个路由器的物理地址;它需要向同一网络中的主机发送一个数据报,使用 ARP 找到这个主机的物理地址。

(3)开放最短通路优先协议(Open Shortest Path First,OSPF)。OSPF 是一种内部网关协议(IGP),用于寻找从一台路由器到另一台路由器的最短路径。它采用一种名为 IS-IS 的协议。OSPF 既支持点对点链路,也支持广播网络。

OSPF 有五种类型的报文。

Hello 报文(Hello Group):建立并维护邻居关系。

DBD 报文(Database Description Group):宣布发送方拥有哪些更新。

LSR 报文(Link-State Request Group):向合作伙伴请求信息。

LSU 报文(Link-State Update Group):向其邻居提供发送方的成本。

LSACK 报文(Link-State Acknowledgment Group):收到 LSU 报文后确认该报文。

(4)边界网关协议(Border Gateway Protocol,BGP)。BGP 是一种外部网关路由协议。它是 AS 之间的一种动态路由协议,用于管理报文如何从网络路由到网络。

(5)互联网多播。互联网多播是一种基于 IP 的技术,用于支持使用 D 类 IP 地址的多播。224.0.0.0/24 的 IP 地址范围为局域网络的多播和保留的地址。以下是一些局域多播地址:224.0.0.1 局域网内的所有系统;224.0.0.2 局域网内所有路由器;224.0.0.5 局域网内所有 OSPF 路由器;224.0.0.251 局域网内所有 DNS 服务器。

8.2.4　第四层:传输层

传输层是第四层。传输层的主要功能是在特定的可靠性级别内将源机器上的进程之间的数据传输到目标机器上的进程。

 学习目标

了解传输协议、拥塞控制和 Internet 传输协议的元素。

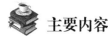 主要内容

要　点

● 传输协议的元素:寻址、流控制、错误控制、多路复用和故障恢复。
● 互联网传输协议:无连接协议(UDP)和面向连接协议(TCP)。

重点名词

● 错误检测(Error Detection:):一种用于检测数据传输中存在的噪声或其他损伤的技术。
● 最大-最小公平性(Max-Min Fairness):一种平衡,即带宽流量不可能在某个地方增加而在其他地方不减少。
● 用户数据报协议(User Datagram Protocol):一种不可靠的、无连接的协议,可用于客户机-服务器交互和多媒体。
● 传输控制协议(Transmission Control Protocol):在不可靠的网络上提供可靠的端到端字节流的协议。
● 套接字地址(Socket Address):IP 地址和端口号的组合。

1. 传输服务

传输层是一个从源到目标的端到端层。传输层提供的服务与数据链路层提供的服务类似,但主要的区别在于代码运行的位置。对于传输代码,主要运行在机器本身。它们主要运行在网络层的路由器上。传输层提供的服务包括:端到端传输、寻址、可靠传输(包括错误控制、顺序控制、丢失控制、重复控制)、流控制、拥塞控制、多路复用等。

2. 传输协议要素

传输协议用于实现两个传输实体之间的传输服务。传输层旨在提供高效、可靠、经济有效的数据传输服务。

(1)寻址。寻址方案必须将信息从一个应用程序进程传递到另一个应用程序进程。这些进程可以同时运行。每个进程都有一个特定的端口号,用于从各个正在运行的进程中识别正确的进程。

(2)错误控制和流量控制。错误控制确保数据以期望的可靠性级别交付(通常设置为无错误)。流量控制用于防止发送速度快的发送器发送的数据超过速度慢的接收器。

数据链路层还提供错误检测机制,接收主机使用 checksum 校验来检查系统中引入的错

误,它确保了节点到节点的无错误交付。然而,传输层 checksum 校验覆盖了一个段,同时跨越了整个网络路径。这是一个端到端的检查。传输层可以处理以下几种类型的错误:数据损坏、未传递的 TPDU、重复传递的 TPDU 和传递到错误目的地的 TPDU。

与数据链路层不同,传输层的流控制也是端到端执行的,而不是节点到节点。如果接收端数据过载,则接收器将丢弃数据包并要求重新传输数据包,这会增加网络拥塞,从而降低系统性能。传输层采用滑动窗口协议,使数据传输更高效。滑动窗口协议是面向字节的而不是面向帧的。

(3)多路复用。多路复用通过连接、虚拟电路和物理链路共享多个会话。它能够在网络体系结构的多个层中发挥作用。多路复用允许在主机运行的网络上同时使用不同的应用程序。传输层采用多路复用技术可以提高传输效率。多路复用以两种方式发生,即上行和下行。

(4)故障恢复。如果主机和/或路由器容易出现故障,或者当连接是长期存在时,故障恢复就成为一个更紧迫的问题。如果传输实体完全在主机中,那么从网络和路由器故障中恢复是很简单的。

(5)拥塞控制。如果传输实体以过快的速度传输过多的数据包,则将导致网络拥塞。互联网严重依赖传输层来进行拥塞控制。

①理想的带宽分配。其目标是为使用网络的传输实体找到合理的带宽分配,避免拥塞。一个有效的分配将使用所有可用的带宽,避免拥塞。最大-最小公平性是一种均衡状态,即带宽流量既不会在流量中增加也不会在其他地方减少,这是网络使用的理想公平状态。

②调节发送速率。有两个因素可能会限制发送速率。一个是流量控制(接收端缓存不足),另一个是拥塞(网络中的低容量)。

③无线问题。实现拥塞控制的协议(如 TCP)应该与底层网络和链路层技术保持独立。然而,无线网络也存在一些问题,它们总是由于传输错误而丢包,有时丢包被用作拥塞信号。

(6)互联网传输协议。在传输层有两个主要协议:无连接协议和面向连接协议。协议之间相互补充。

①用户数据报协议(User Datagram Protocol,UDP)。UDP 是一种不可靠的、无连接的协议,可用于客户机-服务器交互和多媒体。由于 UDP 不提供错误控制或流量控制,所以 UDP 可用于及时投递,这比准确投递更重要。在 UDP 中,即使没有建立连接,应用程序也可以发送封装的 IP 数据报文。UDP 传输是由 8 字节报头组成的段。所有必要的头部信息都存储在前 8 个字节中。UDP 报头如图 8.6 所示。

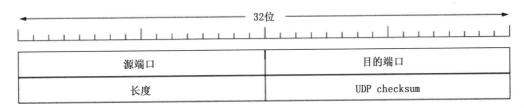

资料来源:Tanenbaum 和 Wetherall(2010)。

图 8.6　UDP 报头

源端口（Source Port）是 2 字节长的字段。当必须将应答发送回源时，就需要源端口。目的端口（Destination Port）是一个 2 字节长的字段。UDP 长度字段包括 8 字节的报头和数据以及 16 位字段。UDP checksum 也提供额外的可靠性。

②传输控制协议（TCP）。TCP 可以在不可靠的网络上提供可靠的端到端字节流。在 TCP 中，通信之前必须建立一个逻辑连接。所有 TCP 连接都是全双工（意味着数据可以双向流动）和点对点（意味着每个连接恰好有两个端点）。

TCP 可以动态地估计客户端和服务器之间的往返时延（Round-Trip Time，RTT），以知道等待一个确认需要多长时间，并且它不支持广播和多播。

TCP 服务是通过让发送方和接收方创建端点（称为套接字）来获得的。每个套接字都有一个特定的号码（地址）。该地址包含主机的 IP 地址和该主机本地的 16 位数字，称为端口。套接字地址是一个三元组：{protocol,local-address,local-process}，其中端口号标识了本地进程。为了获得 TCP 服务，必须显式地在发送机器上的套接字和接收设备上的套接字之间建立连接。连接是字节流而不是消息流。

如图 8.7 所示，TCP 报头包含以下几个字段：

源端口（Source Port）和目的端口（Destination Port）：这些字段用于标识连接的本地端点。连接标识符称为五元组，包含五段信息：协议（TCP）、源 IP、源端口、目的 IP、目的端口。

序列号（Sequence Number）和确认号（Acknowledgment Number）：前者表示 TCP 数据包段中数据字节的字节序列号，后者指定预期的下一个有序字节，而不是正确接收的最后一个字节。数据的每个字节都在 TCP 流中编号，所以都是 32 位。

TCP 报头长度：它告诉 TCP 报头中 32 位字的数量。

一个（♯`O′）使用的是 4 位字段。

8 个 1 标志位：当显式的拥塞通知被使用时，Congestion Window Reduced（CWR）和 ECN-Echo（ECE）用于拥塞控制。如果紧急指针正在使用中，则 Urgent（URG）被设置为 1。Acknowledge（ACK）位设置为 1，表示确认号有效。Push（PSH）位表示推送数据。当接收端没有收到预期的报文时，发送 Reset（RST）位，它可以用来重置连接（如在主机故障期间），拒绝无效的段，以及拒绝连接。Synchronisation（SYN）位用于在主机（或连接）之间建立握手。FIN（Finished）位用于释放连接。

窗口字段（Window Field）：它告诉从已确认的字节开始可以发送多少字节。

Checksum：它也提供额外的可靠性。它以与 UDP 相同的方式检查报头、数据和概念上的伪报头。

选项字段（Option Field）：设计用于添加常规标题未涵盖的额外设施。一个广泛使用的选项是允许每个主机指定它愿意接受的最大报文段长度（Maximum Segment Size，MSS）。

TCP 连接：若要释放 TCP 连接，则任何一方都可以发送 FIN 段，表示没有更多的数据需要传输。当 FIN 被确认后，关闭该方向。当两个方向都被关闭时，连接将被释放。

TCP 定时器管理：TCP 使用多个定时器来完成工作。最重要的计时器之一是重传超时（Retransmission Time Out，RTO）。

TCP 拥塞控制：TCP 在控制互联网拥塞和可靠传输方面起着核心作用。TCP 拥塞窗口用于管理数据流量。窗口的大小是发送方在任何时候在网络中可能拥有的字节数。

TCP 慢启动：是一种算法，用于检测数据包传输的可用带宽，并平衡发送方可以发送的

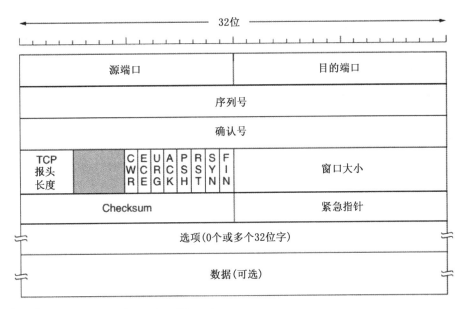

资料来源：Tanenbaum 和 Wetherall(2010)。

图 8.7　TCP 报头

数据量和接收方可以接受的数据量(两个值中较低的是可以发送的最大数据量)。这是一种滑动窗口。TCP 慢启动可以防止网络过载。它缓慢地增加传输的数据量,直到达到发送方和接收方所允许的最大数据量。TCP 慢启动的工作原理如下:一是发送方将包含拥塞窗口(CWND)的数据包发送给接收方。二是接收方确认数据包并以其窗口大小进行响应。三是发送方在收到确认后将增加下一个数据包的窗口大小,直到达到限制。

8.2.5　第五层:应用层

应用层有许多支持协议,支持诸如万维网和具有多媒体功能等的应用程序。在本节中,我们将讨论域名系统(Domain Name System,DNS),探讨 Web 页面和应用程序的类型,以及允许客户端和服务器之间通信的协议,如 HTTP。此外,我们还将简要介绍流媒体和内容传输,如点对点网络。

 学习目标

了解应用层中的支持协议如何工作以允许应用程序正常工作。

了解这些支持协议的挑战和解决方案。

 主要内容

要　点

● 客户端访问 Web 页面时,使用的 Web 浏览器会与 IP 地址建立 TCP 连接,并使用 HTTP 协议,提交一个 HTTP 请求后将接收一个响应,被请求 Web 页面上的超链接则以同样的方式获取。

- 为使用带宽进行内容分发而设计的两个架构：内容分发网络（Content Distribution Network，CDN）和 P2P 网络。
- 对于流式存储媒体，压缩算法用于编码和解码数据，以快速传输和减少带宽使用。

重点名词

- 域名系统（Domain Name System）：命名数据库主要用于将主机名映射到 IP 地址。
- 超文本传输协议（HyperText Transfer Protocol，HTTP）：它是一个简单的请求-响应协议，通常运行在 TCP 之上。它能够指定客户机从服务器发送和接收的内容。
- 点对点（Peer-to-Peer，P2P）网络：点对点网络是内容分发的一种替代方案，许多计算机会汇集它们的资源，形成一个内容分发系统。

1. 域名系统

在应用程序层中，需要有一个将主机名映射到 IP 地址的协议。[①] 域名系统（DNS）是 1983 年发明的一种分布式、分层命名数据库，主要用于此目的。当用户访问一个网站时，浏览器会对服务器执行 DNS 查询，提供主机名。除网页浏览外，其他互联网活动也依赖 DNS 快速提供信息，将用户连接到远程主机。企业、政府或大学等访问提供商通常被分配了一系列 IP 地址和域名。它们还可以运行 DNS 服务器来管理名称到地址的映射。

解析器是应用程序调用的库过程，用于将主机名映射到 IP 地址。它将包含主机名的查询发送给本地 DNS 服务器，后者搜索并返回 IP 地址。

（1）DNS 名称空间。为了避免混淆，DNS 中有一个命名层次结构。这一层次结构由 ICANN 公司管理。顶级域名出现在域名句点之后，有两种类型：通用域名和国家域名。表 8.4 列出了一些通用的顶级域。

表 8.4　　　　　　　　　　　　　　　顶级域

域	使用群体
Com	商业
Net	网络供应商
Edu	教育机构
Org	非营利组织
Int	国际组织
Mil	军事
Biz	企业
Name	人
Pro	专业人士

一些国际化的国家域名允许使用非拉丁字母（如阿拉伯语、汉语和西里尔字母）的主机名。要获得二级域名（如 company-name.com），必须向 ICANN 指定的注册商确认域名是否

---

① DNS Types：Types of DNS Records，Servers and Queries（2020），September 4，retrieved from https://ns1.com/resources/dns-types-records-servers-and-queries.

可用,并支付年费。有些人通过注册域名,然后以更高的价格卖给感兴趣的人,从而赚取可观的利润。对于谁可以获得域名也是有限制的,如对军事和教育机构有限制,但对网络提供商或商业用途没有限制。

域名由多个标签(或者说组件)组成。左边的标签表示右边的另一个子域。每个域由上层路径命名,用句点分隔。每个标签最大支持 63 个字符,最多支持 127 个子域。[①] 域名长度不超过 253 个字符。以哈佛大学的科学系为例,域名可能是 science. harvard. com。域控制并允许如何分配子域。例如,日本使用的是 ac. jp 和 co. jp 域名,而不是 edu 和 com;荷兰所有组织都使用 nl 作为域名。公司可以在几个顶级域名下注册。

域名不区分大小写。它们可以是绝对的,也可以是相对的,前者总是以句号结尾。绝对域名给出了域名的完整路径,而相对域名没有。因此,它们在特定的父域中使用,并且必须在该上下文中进行解释。

(2)域资源记录。资源记录是 DNS 中的基本数据元素。每个域可能有一组与其相关的资源记录,通常是网站与外部世界的联系。具体来说,DNS 的作用是将域名映射到资源记录上。最常见的资源记录是它的 IP 地址。

资源记录以二进制编码,并以文本格式通过网络发送。每条记录是一个五元组,格式如表 8.5 所示。

表 8.5 资源记录的格式

域　名 (Domain_name)	存在时间 (time_to_live)	类 Class	类　型 Type	值 Value

其中,域名告诉我们记录对应的域。由于每个域通常有许多记录,因此它被用作查询的主搜索键。存在时间是指定 DNS 更改影响整个互联网用户的持续时间,以秒为单位。[②] 简单地说,它表明了记录的稳定性。存在时间越长表示信息越稳定,反之亦然。类这个字段对于互联网信息总是 IN。非互联网信息可以使用其他代码,但在实践中很少见到。DNS 记录共有 23 种类型,关于类型下文将详细阐述(Singh,2020)。值是根据资源记录类型,可以是数字、域名或 ASCII 文本[③]。

表 8.6 总结了比较常见的 DNS 记录类型的含义和值。

---

① Lutkevich B & Burke,What is the Domain Name System? —Definition from WhatIs. com(2020),September 3,retrieved from https://searchnetworking. techtarget. com/definition/domain-name-system # : ~ : text＝The％20domain％20name％20system％20(DNS,uses％20to％20locate％20a％20website.

② Klensin J(2004),RFC 3696 — Application Techniques for Checking and Transformation of Names,September 7,2020,retrieved from https://tools. ietf. org/html/rfc3696.

③ ASCII 是一个包含 128 个字符的 7 位字符集。它包含从 0 到 9 的数字、从 A 到 Z 的大写和小写英文字母以及一些特殊字符。现代计算机、HTML 和 Internet 上使用的字符集都基于 ASCII。

表 8.6   常见 DNS 记录类型

类　型	含　义	值
SOA	起始授权机构	此区域的参数
A	主机 IPv4 地址	32 位整数
AAAA	主机 IPv6 地址	128 位整数
MX	邮件交流	优先，域名愿意接收电子邮件
NS	名称服务器	此域的服务器名称
CNAME	规范命名	域名
PTR	指针	IP 地址的别名
SPF	发送方政策框架	邮件发送策略的文本编码
SRV	服务	提供服务的主机
TXT	文本	描述性 ASCII 文本

资料来源：Tanenbaum 和 Wetherall(2010)。

Address(A)记录类型是最重要的，它包含一个 32 位的 IPv4 地址，DNS 会为主机名返回这个地址。邮件交换(MX)记录类型是一种常见类型，它提供关于准备接收指定域邮件的主机名称的信息。Name Server(NS)记录是域名服务器的一部分，用于指定该域名由哪个 DNS 来进行解析。

(3)域名服务器。DNS 名称空间被划分为不重叠的区域，以防止出现单一信息源的问题。区域由其管理员根据名称服务器的需求和位置决定。这些名称服务器是用来保存专区数据库的主机。每个区域通常有一个主名称服务器和至少一个辅助名称服务器。

正如对 DNS 如何通过解析器使用的简要解释，名称解析(Name Resolution)指的是搜索域名和找到地址的过程。如果可以找到名称，则它将返回权威的资源记录。权威的记录来自管理该记录并始终正确的权威机构。另外，缓存的记录可能过期。

根名称服务器(Root Name Server)位于层次结构的顶部，这些名称服务器包含有关每个顶级域的信息。全世界有 13 个根 DNS 服务器，它们被复制并位于世界各地，以达到可靠性和良好性能的目的。

在层次结构中，本地服务器继续发送查询。DNS 查询有三种类型：

一是递归查询(Recursive Query)。当搜索一个主机名时，DNS 解析器有义务提供一个答案——相关的资源记录或错误消息。

二是迭代查询(Iterative Query)。当一个主机名被搜索时，DNS 解析器会提供最好的答案。如果找不到相关的资源记录，则解析器将把 DNS 客户端定向到最靠近所需区域的名称服务器，通过发出更多查询来继续名称解析。

三是非递归查询(Non-Recursive Query)。这是一个查询，其中解析器已经知道答案，并返回一个记录，而不需要额外的几轮问题。

(4)电子邮件协议。电子邮件协议是一组帮助两台计算机之间传输信息的规则。有四种不同的邮件协议：SMTP、POP3、IMAP 和 HTTP。

SMTP 是一种面向连接的应用层协议。它可在网络上或跨网络传输客户端的电子邮件

（仅文本）。

POP3 是电子邮件客户端用来从 Web 服务器接收电子邮件的协议。邮件通常被下载到用户代理计算机，而不是留在邮件服务器上。一旦这些邮件被下载，它们就会从服务器上消失。这是一个简单的协议，但是每个邮箱只能支持一个邮件服务器。

IMAP 是电子邮件客户端用来接收来自多个邮件服务器的电子邮件的协议。它支持多个邮件客户端同时连接到一个邮箱。邮件不需要在管理或阅读之前先下载。服务器上有所有邮件的记录。SMTP 和 POP3/IMAP 之间的主要区别是，SMTP 用于发送电子邮件，而POP3/IMAP 是在最小或无中断的情况下加入和离开的节点，用于检索和管理电子邮件。

HTTP（超文本传输协议）是一种请求-响应协议，用于在 Internet 浏览器上发送和接收邮件。雅虎和 Hotmail 使用 HTTP 协议通过互联网访问电子邮件。这是一个简单但功能强大的协议。HTTP 的三个基本特性：无连接、独立于媒体、无状态（服务器和客户机只有在当前请求期间才能相互感知）。

2. 万维网

（1）架构概述。万维网也称为 Web，是一个用于访问链接并分布在 Internet 数百万台机器上的内容的体系结构框架。Web 浏览器是一个程序，它可以获取请求的页面，解释并显示页面。通过向一个或多个服务器发送请求，并使用页面内容进行响应来获取页面。这种请求-响应协议运行于 TCP 之上，称为超文本传输协议。该内容可以是静态的，也可以是动态的。静态页面每次显示时都是相同的。相反，动态页面包含一个程序或由程序按需生成，因此每次都会以不同的方式显示自己。

为了让浏览器显示一个页面，需要一些机制来命名和定位不同的页面。统一资源定位器（Uniform Resource Locator，URL）被分配给每个页面，本质上充当网页的万维名称。URL 中有三个组件：协议、主机的 DNS 名称和路径名。以 http://www.sci.harvard.edu/index.html 为例，协议为 http，DNS 主机名为 www.sci.harvard.edu，路径名为 index.html。

在客户端，当链接（如上面给出的 URL）被单击时，会发生以下情况：

①Web 浏览器通过查看被点击的内容来确定 URL；

②浏览器向 DNS 请求服务器 www.sci.harvard.edu 的 IP 地址；

③DNS 响应一个 IP 地址；

④浏览器通过 HTTP 协议在端口 80[①] 上与 IP 地址建立 TCP 连接；

⑤浏览器向/index.html 页面发送 HTTP 请求；

⑥服务器将页面作为 HTTP 响应发送；

⑦如果页面包含需要显示的 url，则浏览器将以相同的方式获取相关 url；

⑧浏览器显示该页面；

⑨一旦在一段时间内没有对同一台服务器的进一步请求，TCP 连接就会被释放。

对于某些网站，如新闻或电子商务，服务器需要确定请求页面的用户以前是否访问过该页面，并跟踪用户已经将哪些内容添加到他们的电子商务购物车中。Cookie 就是用来解决

① 端口 80 是 TCP 套件中较为常用的端口号之一。Web/HTTP 客户端（如 Web 浏览器）使用端口 80 从 HTTP 服务器发送和接收请求的页面。

这个问题的一种机制。Cookie 是一个小的命名字符串,服务器将其与包含请求页面的客户端信息的浏览器相关联。Cookie 可以跟踪用户在网页上的行为,这涉及许多人关心的隐私问题。大多数浏览器允许用户阻止第三方 Cookies,这些 Cookies 来自与所获取页面不同的站点。

(2)静态网页。如前所述,静态页面在每次获取和显示时都是相同的。大多数页面是用超文本标记语言(Hyper Text Markup Language,HTML)编写的。HTML 描述了文档的格式,允许用户设计包含文本、视频、超链接等页面。允许用户提交信息的表单也可以用 HT-ML 编写。层叠样式表(Cascading Style Sheets,CSS)使用户无须编辑 HTML 文件就可以控制标记内容的外观,并使其保持较小。

(3)动态网页和 Web 应用。我们在日常生活中使用的 Web 应用程序,如在电子商务上购物、导航地图、查看电子邮件和文档协作,都需要动态页面。在 Web 应用中,用户数据都存储在互联网数据中心的服务器上。这些应用程序所需的动态内容是由运行在服务器或浏览器上的程序生成的。通常,当用户提交请求时,服务器上就会运行一个程序,该程序会查询数据库来生成相关页面并将其返回给浏览器。

有两个用于服务器端动态 Web 页面生成的标准应用程序编程接口(Application Programming Interface,API),它们是为 Web 服务器调用程序而开发的,且允许开发人员使用 Web 应用程序扩展不同的服务器。这两个 API 便是通用网关接口和超文本预处理器。

通用网关接口(Common Gateway Interface,CGI)用于处理动态页面请求。它是服务器的一部分,用于与服务器上的其他程序通信。它允许服务器调用一个程序,同时传递用户特定的数据,比如那些以 HTML 形式提交的表单(Gundavaram,2020)。然后处理数据,服务器将响应返回给 Web 浏览器。

超文本预处理器(Hypertext Preprocessor,PHP)是一种开源脚本语言,可嵌入 HTML[1] 中用于 Web 开发。生成动态 HTML 页面的类似方法是通过 JavaServer Pages(JSP),它使用的是 Java 而不是 PHP。

在客户端,比如响应光标移动的页面,需要在客户端机器上执行嵌入在 HTML 中的脚本。动态 HTML 通常是指用于生成此类交互式 Web 页面的技术。客户端最流行的脚本语言是 JavaScript,它有不同的 PHP 用途。

为了创建 Web 应用程序的无缝性和响应性,我们将结合使用几种技术,包括我们上面讨论的脚本语言,称为异步 JavaScript 和 Xml(AJAX)。像 Gmail 和 Google Docs 这样的 Web 应用程序是用 AJAX 编写的。技术结合如下:

①HTML 和 CSS 用于将信息显示为页面。
②文档对象模型(DOM)[2]用于在查看时修改页面的部分内容。
③可扩展标记语言(XML)[3]允许程序与服务器交换数据。
④以异步方式执行第③条。
⑤JavaScript 将这些功能绑定在一起。

---

① PHP:What is PHP? -Manual,September 5,2020,accessed from https://www.php.net/manual/en/intro-whatis.php.
② DOM 是所有程序都可以访问的 HTML 页面的表示形式。
③ XML 是一种用于指定结构化内容的语言。

（4）超文本传输协议（HTTP）。HTTP 是一种简单的请求-响应协议，通常运行于 TCP 之上。它可以指定客户机从服务器发送和接收的内容。表 8.7 是一个典型的请求-响应循环[1]。

表 8.7　浏览请求和响应

浏览请求	服务器响应
HTML 页面	HTML 文件
样式表	CSS 文件
JPG 图像	JPG 文件
Javascript 代码	JS 文件
数据	XML 或 JSON 数据

表 8.7 显示了浏览器通过与服务器机器上的端口 80 建立 TCP 连接来联系服务器。有两种类型的连接：持久连接（Persistent Connections）使连接重复使用成为可能，通过建立一次 TCP 连接可以交换额外的请求和响应。相反，并行连接（Parallel Connections）是指每个 TCP 连接发送一个请求，多个 TCP 连接并行运行。尽管后者的性能要好得多，但由于开销和拥塞问题，不鼓励使用后者。

Methods 是除请求 Web 页面之外，HTTP 还支持的操作。主要的内置请求方法及其描述总结如下[2]：

GET：请求服务器发送页面。

HEAD：读取网页的消息头。

POST：向服务器上传数据，比如表单的内容。

对请求的每个响应都包含一个状态行和其他附加信息，如网页。我们经常遇到错误 404：页面未找到。这些三位数代码指定请求是否被满足，以及不满足的原因如表 8.8 所示。

表 8.8　三位数代码状态

编　号	含　义	例　子
1xx	信息	100＝服务器同意处理客户端的请求
2xx	成功	200＝请求成功；204＝没有内容显示
3xx	重定向	301＝页面移动；304＝缓存页仍然有效
4xx	客户端错误	403＝禁止页；404＝页面未找到
5xx	服务器错误	500＝内部服务器错误；503＝稍后再试

资料来源：Tanenbaum 和 Wetherall（2010）。

HTTP 消息头允许客户端和服务器通过请求、响应或两者传递附加信息。例如，User-Agent 是一个请求头，它告诉服务器关于客户端浏览器实现的信息。这允许服务器根据浏

---

[1]　什么是 HTTP（2020），September 5，accessed from https://www.w3schools.com/whatis/whatis_http.asp.

[2]　HTTP 请求方法（2020），September 6，accessed from https://developer.mozilla.org/en-US/docs/Web/HTTP/Methods.

览器定制特定的响应。If-Modified-Since 和 If-None-Match 消息头用于缓存,将在下面讨论。只有当缓存的副本不再有效时,这些头允许客户端请求发送页面。还有许多其他头,如主机、授权、位置,Cookie 用于各种各样的目的。

由于许多用户经常重复访问同一页面,因此应该有一种机制可以从浏览器而不是底层存储层快速获取数据。缓存是高速数据存储层,通常存储临时数据以更快地服务数据。[①] 缓存允许有效重用以前获取的数据。在 HTTP 中,内置支持可以帮助客户端确定何时安全地重用缓存的页面。浏览器必须存储页面。为了确保缓存的副本在再次获取时与页面相同,HTTP 使用了两种策略:页面验证和条件 GET。

页面验证(Page Validation):像 Expires 或 Last-Modified 这样的消息头可以被用来查询缓存的副本是否仍然有效。

条件 GET(Conditional GET):通过询问服务器缓存的副本是否仍然有效,服务器将响应以确认有效性或发送完整响应。

缓存也可以在浏览器之外完成,这种被称为代理缓存(Proxy Caching)。HTTP 请求可以通过一系列缓存进行路由。

(5)移动互联网。移动互联网就是通过移动设备访问互联网。最初在移动设备上浏览网页时经常会遇到用户体验问题,比如伸缩性、有限的输入能力、网络带宽和计算能力。虽然这些问题大部分已经得到解决,但移动浏览和桌面浏览之间仍然存在差距。让网页在移动网络上运行良好的一些方法包括:为移动设备和台式机运行相同的 Web 协议;网站创建移动友好的内容,并使用服务器检测请求标头中的浏览器软件来交付相关类型;XHTML Basic、HTML 的精简版;内容转换或转码是指计算机作为中间人,将服务器上的内容转换为移动 Web 内容,然后传输给移动设备。

(6)网络搜索。也许最成功的网络应用程序是搜索。当用户转到搜索引擎的 URL 时,他们通过表单输入搜索词,然后搜索引擎会在数据库中查询相关页面、图像或其他资源,并将结果作为动态页面返回。搜索引擎可以通过一个被称为网页爬行(Web Crawling)的过程来实现这一点,在这个过程中,不同页面的内容被下载并建立索引,以便在需要时检索相关信息。这是可能的,因为页面通常是链接到其他页面的。网页爬虫遵循特定的规则来决定要抓取哪些页面,比如这些页面的相对重要性(基于访问者的数量、有多少其他页面链接到该页面等等),并重新访问网页(以确保最新的内容被索引)和查看 robots. txt 要求[②③],然后使用算法处理索引的数据。

3. 流媒体音频和视频

除了 Web 应用程序,音频和视频是其他令人兴奋的网络发展。互联网带宽的进步和计算机能力的增长为在互联网上传输语音数据铺平了道路,这种数据被称为 IP 语音或互联网电话和视频。流媒体和会议应用程序的设计需要减少网络延迟。音频和视频需要实时呈

① What is Caching and How it Works | AWS, September 6, 2020, accessed from https://aws. amazon. com/caching/.

② 又称为拒绝蜘蛛协议(robots exclusion protocol),robots. txt 是一个由页面服务器托管的文件,用于指定机器人访问托管网站或应用程序的规则。

③ What Is a Web Crawler? | How Web Spiders Work(n. d.), September 06, 2020, accessed from https://www. cloudflare. com/learning/bots/what-is-a-web-crawler/.

现,这意味着它们需要以预定的速度播放。抖动是延迟的变化,而不是绝对延迟,这样会导致音频或视频被中断。

(1)数字音频。数字音频是一种音频波的数字表示,可以重建。音频波通过模数转换器(ADC)进行数字转换。为了降低带宽需求,可使用编码和解码算法来压缩和解压缩音频数据。最流行的压缩算法格式是 MPEG 音频层 3(MP3)和高级音频编码(AAC)以及 MPEG-4(MP4)文件。

有两种压缩音频的方法:

一是波形编码,采用傅里叶变换将信号转换为其频率成分。

二是感知编码,基于心理声学①对信号进行编码,使用频率掩蔽和时间掩蔽。MP3 和 AAC 是基于感知编码的。

(2)数字视频。视频最直接的数字表示是由像素组成的帧序列。低分辨率视频可能是 320×240 像素,而高清电视(HDTV)可以是 1280×720 像素。为了更快地传输,视频也需要被压缩。

联合摄影专家组(Joint Photographic Experts Group,JPEG)是压缩连续色调照片的标准。它可以提供令人难以置信的 10∶1 或更高的压缩比。它也是对称的——这意味着编码花费的时间与解码的时间大致相同。JPEG 编码由于许多数学细节而变得复杂,这里不讨论这些细节。

电影专家组(Motion Picture Experts Group,MPEG)标准定义了用于压缩视频的主要算法。为了使音频和视频输出与两个独立工作的编码器同步,时间戳包含在接收器的编码输出中。MPEG 压缩利用了电影中的空间和时间冗余。MPEG 和 JPEG 的关键区别是,MPEG 可以在相机平移或变焦且背景不固定时使用。

MPEG 输出中有三种类型的帧:

一是内编码(I)帧。I 帧是压缩的静态图片。

二是预测性(P)帧。P 帧是与先前帧的差异,它们比 I 帧更可压缩。

三是双向(B)帧。B 帧是先前帧和前向帧的差异,它们是最可压缩的。

(3)流存储媒体。近年来,视频点播(VoD)越来越流行。人们可以通过简单的 MP4 下载它,通过浏览器观看电影。然而,整个视频必须在观看之前通过网络传输。元文件是一个非常短的文件,它包含关于电影的关键描述,可以用来解决这个问题。浏览器向服务器提交一个 HTTP 元文件请求并接收一个元文件响应后,它会把这个元文件传递到媒体播放器上,这里会使用一个协议发送一个媒体请求,比如实时流媒体协议(Real-Time Streaming Protocol,RTSP),并通过 TCP 或 UDP 接收一个响应。在这种情况下,电影不必完全下载后才能播放。RTSP 提供远程控制来启动和停止媒体流通过命令到服务器,如描述、设置、播放、记录、暂停等。之所以经常使用 TCP,是因为与 UDP 相比,它更容易通过防火墙,特别是当它运行在 HTTP 端口上时。此外,它还提供了更高的可靠性。

媒体播放器的重要功能包括管理用户界面、处理传输错误、解压内容和消除抖动。除管理用户界面外,其他三个功能都与网络协议相关联。

(4)流直播媒体。IP 电视(IPTV)是指电视台的直播。网络广播是像英国 BBC 这样的

---

① 心理声学是指人们如何感知声音。

广播电台的广播。直播有两种方式。第一种是把程序记录到磁盘上。用户可以从服务器的档案中调出程序并下载使用。第二种方法是在互联网上直播。当从文件流传输时,可以减少缓冲,因为媒体的发送速度可以比播放速度更快。然而,直播总是以与媒体生成相同的速率传输。这意味着应该有一个足够大的缓冲区来处理网络抖动,通常需要 10 到 15 秒。

因为直播活动可能有很多观众,所以使用多播(Multicasting)似乎很自然也很有效。服务器使用 IP 多播将每个媒体包发送到一个组地址,然后网络会向每个成员发送数据包的副本。由于 TCP 在单个发送方和接收方之间使用,所以数据包是通过 UDP 传输发送的。由于 UDP 协议不提供可靠性,可能导致报文丢失。前向纠错(Forward Error Correction,FEC)和交错(Interleaving)是两种用于对抗这种情况的策略,但这里不作详细讨论。

然而,在现实生活中并没有使用多播。这是因为 IP 多播不能广泛地跨网络边界使用。只有在提供商网络中使用时,UDP 和多播才能用于流式传输。通常,每个用户将建立一个 TCP 连接,通过这个连接来传输媒体,就像上面讨论的流存储媒体一样。使用 TCP 的流媒体可以伪装成 HTTP,以通过防火墙,并允许媒体到达 Internet 上几乎所有的用户。有一个缺点是,服务器必须向每个客户机发送不同的媒体副本,这对于一定数量的客户机是可行的。对于像 Netflix 这样有很多客户端的大型流媒体网站并不会使用 TCP 从单个服务器流到每个客户端,因为带宽不够。相反,大型流媒体网站会使用遍布全球的服务器,这样用户可以连接到最近的服务器。

(5)实时会议。2020 年,视频会议已经成为常态。随着 IP 语音的出现,垄断的电话服务行业被打破。2003 年,人们可以通过 Skype 拨打普通电话号码或使用 IP 地址进行 PC 端对话。与存储的流媒体或直播媒体相比,实时会议需要低延迟才能进行有效的对话。

UDP 比 TCP 能更好地减少延迟,因为它不会有与 TCP 重传相关的延迟。短数据包也用于减少延迟,尽管在带宽方面效率较低。由于它是实时的,编码器和解码器必须快速操作。一个小的缓冲区虽然能减少延迟,但会因抖动造成更多的损失。有两种服务质量机制用于减少抖动,有时还包括延迟。

一是区分服务(DS)。对于数据包,被标记是为了区分它们的类别和在网络中处理的方式。对于语音 IP 包,它们被标记为低延迟。这意味着语音包的优先级是高的。

二是通过网络预订确保有足够的带宽。

另一个关于实时会议的问题是电话的设置和终止。H. 323 和 Session Initiation Protocol(SIP)两个协议就是被用来做到这一点的。两种协议都允许多方使用电脑和电话进行呼叫。

H. 323 是一个完整的协议栈,它是电话行业的标准,缺乏灵活性,因此很难适用于未来应用。它更像是一个 IP 语音的架构概述,而不是一个协议,如图 8.8 所示。

该模型的中心是连接互联网和电话网络的网关。一个局域网可能有一个控制其区域内端点的网关守卫。为了了解协议是如何一起工作的,我们将使用一个 PC 终端呼叫电话的例子。简单地说,PC 端首先通过与网关守卫的一系列交换请求带宽。然后,它会建立一个 TCP 连接,并向网关守卫发送请求,这些请求将被转发给网关。网关向 PC 端进行常规通话,并发送一些消息后建立连接。PC 端通过联系网关守卫终止呼叫来释放带宽(如表 8.9 所示)。

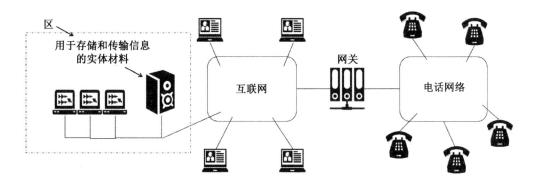

资料来源：Tanenbaum 和 Wetherall(2010)。

图 8.8 IP 语音的 H.323 架构

表 8.9   H. 323 协议栈

音 频	视 频	控 制			
G. 7xx	H. 26x	RTCP	H. 225（信号传导通路）	Q. 931（发送信号）	H. 245（呼叫控制）
RTP					
UDP			TCP		
IP					
链路层协议					
物理层协议					

资料来源：Tanenbaum 和 Wetherall(2010)。

SIP 是基于 HTTP 建模的单个模块，用于处理设置、管理和会话终止。它是一种互联网协议，通过交换 ASCII 文本行来处理设置。它可以很好地与其他互联网协议协同工作，但不能与现有的电话系统信令协议协同工作，需要建立一个呼叫，调用者可以创建一个 TCP 连接并发送一个 INVITE 消息、一个 SIP 方法以请求会话启动，或者在一个 UDP 包中发送 INVITE 消息。被调用者将响应一个应答代码，就像 HTTP 状态代码一样。例如，被调用方将发送消息 200 来接受呼叫。然后调用者使用 ACK 方法进行响应，确认会话发起。任何一方都可以请求使用 BYE 方法终止会话，另一方必须确认该方法。还有其他方法，如 OP-TIONS、CANCEL 和 REGISTER。

4. 内容交付

除了交流，对内容的需求可能已经像风暴一样席卷互联网。2019 年，YouTube 已占全球移动互联网流量的 37%。[1] 为使用带宽进行内容分发而设计的两个体系结构是 CDN 和 P2P 网络。

(1)内容和互联网流量。互联网流量这些年变化迅速，从电子邮件流量到 P2P 流量，再

---

[1] Armstrong M(2019)，Infographic：YouTube is Responsible for 37% of All Mobile Internet Traffic，September 6，2020，retrieved from https://www.statista.com/chart/17321/global-downstream-mobile-traffic-by-app/.

到现在的视频流。对流量和带宽的要求给网络造成了压力。互联网流量是高度倾斜的,这意味着流行网站和不受欢迎网站的流量是截然不同的。不受欢迎的站点可以使用 DNS 在同一台计算机上运行,而受欢迎的站点不能在一台计算机上处理,这会带来更多的挑战,因而必须建立内容分发系统。

(2)服务器群和 Web 代理。我们已经讨论了单个服务器和多个客户机之间的通信。对于大型 Web 站点,可以用服务器群来构建功能强大的服务器,用其中一组计算机充当单个服务器。

服务器群的主要困难是让多个服务器显示为一个 Web 站点,而不是让不同的站点并行运行。下面将讨论解决这一困难的一些方法。任何服务器都可以处理客户端请求,这是至关重要的。因此,在连接到公共后端数据库时,它们每个都应该有一个 Web 站点的副本。

一种解决方案是使用 DNS 将客户端请求分散到服务器群中。这种方法是 CDN 的核心。每当发出 DNS 请求时,DNS 服务器就会返回一个服务器 IP 地址的循环列表。然后,不同的客户机将与其他服务器联系以访问相同的站点。

另一种解决方案则基于前端,通常是链路层交换机或处理数据包的 IP 路由器。请求和响应作为一个 TCP 连接进行,前端将请求的数据包分发到同一个服务器。请求由前端广播,每个服务器根据预先确定的规则回答一部分传入请求。

在客户端,更好的缓存技术通过减少网络负载和缩短响应时间来提高性能。Web 代理用于在用户之间共享缓存。这意味着一个用户访问的页面可以返回给另一个用户,而无须从服务器获取,即使另一个用户是第一次访问该页面。如上所述,缓存只对静态页面有效。与代理的定义一样,Web 代理代表用户获取请求。

组织通常为所有用户操作一个 Web 代理。在转向代理缓存之前,每个用户都将首先查看他们的浏览器缓存。用户还可以添加其他代理,每个代理或浏览器通过其上游代理发出请求。Web 代理的其他好处是过滤内容,并为服务器上的用户提供匿名性。

(3)Content Delivery Networks(CDNs)。在讨论了服务器群和 Web 代理之后,我们将讨论全球 Web 站点的一种更大规模的方法。对于 CDN,客户端在附近的缓存中请求 Web 页面的副本,这些副本被放置在不同位置的一组节点中。数据分布就像一棵树,从 CDN 源服务器开始,然后将页面的副本分布到各个地理区域的节点,全世界的客户端都能从最近的节点获取页面。CDN 具有高度可伸缩性,不会使原始服务器过载。

为这个分布树组织客户端并不是一个简单的问题。使用代理服务器是不可行的,因为用户使用不同的 Web 代理。镜像是原始服务器在节点上复制内容并允许用户选择附近的镜像手动访问内容的一种方法。这通常用于静态页面。DNS 重定向是最可行的方法,浏览器使用 DNS 将页面 URL 解析为一个 IP 地址,由 CDN 运行的名称服务器将返回离客户端最近的节点的 IP 地址。公司通常使用 CDN 提供商的服务,而不是建立自己的内容分发。

(4)点对点(P2P)网络。P2P 网络是内容分发的另一种选择,许多计算机通过汇集它们的资源,形成一个内容分发系统。这些可以是简单的家用电脑。不像 CDN,它没有一个集中的控制系统。它们不需要基础设施就可以自我扩展。它们的上传容量随着用户的下载需求而增长。P2P 网络面临的一个主要挑战是,当用户的下载和上传能力不同时,如何更好地利用带宽。

BitTorrent 协议允许对等点有效地共享文件。Torrent 是一种内容描述,用于验证从节点下载的数据的完整性。它包含一个跟踪器的名称,该服务器包含下载和上传内容的其他节点的列表,也称为 Swarm。它还包括组成内容的块的列表。这使得 Torrent 文件至少比内容小三个数量级,且允许快速传输。Seeders 是 Swarm 中拥有所有区块的节点,而 Leechers 是消耗资源而不贡献资源的节点。为了鼓励有益的上传和抑制下载,P2P 使用了一种 Choking 算法。

尽管 P2P 文件共享是去中心化的,但是对于每个 Swarm 仍然有一个集中的跟踪器。为了找出哪些节点拥有受欢迎的内容,我们需要创建完全分布式且运行良好的 P2P 索引的解决方案。2001 年有四种解决方案问世,分别是 Chord、CAN、Pastry 和 Tapestry。这些解决方案统称为分布式哈希表(Distributed Hash Tables,DHT)。DHT 也被称为结构化 P2P 网络,因为它们给节点之间的通信施加了一个稳定的结构。DHT 技术得到了广泛的研究和商业应用,比如亚马逊的 Dynamo。DHT 是分散和分布式数据结构,用于存储与标签相关联的数据项。它通过将键值分配给不同的节点来保存键值对〈key,value〉。所有节点都使用相同的哈希函数,并且分布在整个网络中(用于数据通信)。这种分布允许节点以最小的中断进入和离开。DHT 是在多台计算机上存储和访问大数据的极佳方式。

 参考文献/拓展阅读

[1]Tanenbaum A S & Wetherall D(2010),*Computer Networks*(5th ed),Boston,MA,United States:Pearson Education (US).

[2]Singh S P(2012),The Use of DNS Resource Records,International Journal of Advances in Electrical and Electronics Engineering,September 4,2020,retrieved from https://citeseerx. ist. psu. edu/viewdoc/download? doi=10. 1. 1. 640. 444&rep=rep1&type=pdf.

[3]Gundavaram S(1997,August 26),CGI Programming on the World Wide Web,September 28,2020,retrieved from https://www. oreilly. com/openbook/cgi/ch01_01. html.

练习题

习题一
网络层的功能是( )。

A. 处理数据包的路由和控制子网的操作

B. 允许更可靠的数据包发送选项

C. 屏蔽传输错误

习题二
下列哪一层是沿网络从一个设备到另一个设备传输位? 正确的是( )。

A. 物理层 B. 数据链路层 C. 传输层

习题三
高频范围为( )。

A. 3kHz～30kHz B. 300kHz～3000kHz C. 3MHz～30MHz

习题四

以下哪项是 PPP 设计要求?

①网络协议复用

②包框架

③无流控制

A. ①②   B. ①③   C. ①②③

习题五

网络层主要提供可靠的(　　)服务。

A. 节点到节点   B. 端到端   C. 进程到进程

习题六

关于 IPv4 和 IPv6,下列说法正确的是(　　)。

①checksum 字段在 IPv4 中可用

②IPv6 支持多播

③IPv6 提供 128 位地址

A. ①②   B. ①③   C. ①②③

习题七

关于数据报网络和虚拟电路网络,下列说法正确的是(　　)。

①数据报网络不需要电路设置,而虚拟电路网络需要电路设置

②在数据报网络中,每个数据包都是独立路由的

③在数据报网络中,拥塞控制很容易

A. ①②   B. ①③   C. ①②③

习题八

网络层与(　　)有关。

A. 位   B. 框架   C. 包

习题九

传输层的功能是(　　)。

①多路复用

②拥塞控制

③流控制

A. ①②   B. ①③   C. ①②③

习题十

传输层是(　　)。

A. 第三层   B. 第四层   C. 第五层

习题十一

下列说法正确的是(　　)。

A. 同一大楼内共用同一个局域网的工程和科学部门必须有相同的域

B. 工程部被划分在多个建筑物中,所以局域网应该有不同的域

C. 工程和科学部门共享同一栋建筑物中同一局域网,可以有不同的域

参考答案

习题一

答案:选项 A 是正确的。

选项 B 是传输层的功能,选项 C 是数据链路层的功能。

习题二

答案:选项 A 是正确的。

数据链路层的任务之一是先将来自网络层的数据包(如 IP)封装成帧,然后在网络中相邻的节点之间传输数据。传输层的主要功能是提供从源机器上的进程到目标机器的对应期望的可靠数据传输。网络层的主要任务是在源端和目的端之间提供可靠的端到端服务。

习题三

答案:选项 C 是正确的。

习题四

答案:选项 A 是正确的。

无流量控制是 PPP 的非要求之一。

习题五

答案:选项 B 是正确的。

习题六

答案:选项 C 是正确的。

习题七

答案:选项 A 是正确的。

参考数据报与虚拟电路网络图的比较。

习题八

答案:选项 C 是正确的。

习题九

答案:选项 B 是正确的。

传输层提供的服务包括:端到端传输、寻址、可靠传输(包括错误控制、顺序控制、丢失控制、重复控制)、流控制、拥塞控制、多路复用等。

习题十

答案:选项 B 是正确的。

习题十一

答案:选项 C 是正确的。

域名命名不必遵循物理网络。相反,它们遵循组织界限。

第9章　网络安全

9.1　引　言

 学习目标

了解网络安全的威胁和目标。

了解处理威胁和实现目标的几种有效方法。

 主要内容

要　点

● 两类攻击：被动攻击和主动攻击。被动攻击的例子有窃听和流量分析。主动攻击的例子有伪装、中断、篡改、重播和拒绝服务。

● 网络通信安全的五个目标：防止消息泄漏、防止通信量分析、检测变化的消息流、检测拒绝的消息服务和检测伪造的初始化连接。

重点名词

● 网络安全（Network Security）：系统中的网络系统硬件、软件和数据受到保护。

● 信息安全（Information Security）：保护信息系统和信息资源免受各种威胁、干扰和破坏，以确保信息安全。

● 通信安全（Communication Security）：通信安全基于信号安全级别，不涉及特定的数据信息内容。

1. 网络安全概述

在日常工作和生活中，网络安全非常普遍。网络安全是指保护网络系统的软硬件和系统数据不受意外或恶意原因的破坏、更改和泄漏，系统应连续可靠地运行，网络服务应不被中断。如果要保护网络资源，则最简单的方法是为其分配名称并设置相应的密码。

为了应对可能导致网络易受攻击的各种因素，网络安全应涉及广泛的实践，其中包括以下几个方面。

（1）部署主动设备（Deploying Active Devices）。例如使用防病毒软件防止恶意程序的安装和操作，阻止可疑电子邮件和网站等。

（2）部署被动设备（Deploying Passive Devices）。使用设备或软件来报告未经授权的网络活动或授权用户的活动可能会危及网络安全，因为具体操作（阻止或继续）仍由用户决定。

（3）使用预防设备（Using Preventative Devices）。检测系统是否存在安全漏洞，防止网络安全事件发生。

（4）确保用户遵循安全实践（Ensuring Users Follow Safe Practices）。即使使用上述设备和软件来维护网络安全，也必须加强对用户的网络安全教育，因为用户的危险行为可能导致网络安全问题。

2. 网络安全的重要性

无论行业或业务类型如何，所有组织都需要审查其网络环境和网络安全问题。虽然目前还没有完美的网络安全环境，但一个可靠稳定的网络安全系统能够保护用户的数据，增强用户对组织系统的信任。

网络安全能防止间谍软件闯入企业系统窃取信息，保护共享数据。网络安全基础设施通过将信息分解成多个部分，分别加密，并通过不同的路径发送信息，构建了多个针对 MITM（Man-in-the-Middle）攻击的保护级别。

当系统连接到互联网时，会产生大量的流量，从而导致稳定性问题。如果系统的漏洞被利用，企业的网络系统就可能会受到网络攻击。网络安全通过持续监视任何可能破坏系统的可疑行为来防止延迟和中断，从而提高网络的可靠性。

3. 网络故障的负面影响

对于个人用户来说，如果其网络被黑客入侵，则可能会破产，如发生蓄意破坏的行为。这通常涉及在系统中植入误导性信息。这是黑客使用的众多策略之一。一旦植入虚假信息，其完整性就存疑，客户会感到被误导。

对公司来说，网络安全事件也会损害其知识产权。黑客可以未经授权访问公司或个人信息。如果黑客试图窃取计划或解决方案，那么公司将不会继续实施新的设计和产品，在严重的情况下，它可能会摧毁公司或使其经营陷入停顿。公司也可能失去收入。大多数网络攻击都会导致系统崩溃、公司关闭一段时间。网络瘫痪的时间越长，损失的收入就越多，公司可能失去信誉。

4. 网络安全如何工作

网络安全通常围绕两个过程：身份验证和授权。前者类似于我们家的钥匙。只有正确的钥匙才能开门。换言之，身份验证确保只有属于网络的用户才能访问，并防止外人进入。后者决定网络中的每个用户如何访问。这就像是在一个"共享"的房子里，你只能进入你的卧室以及公共区域。管理员需要访问网络中的整个网络，而其他用户则根据其身份和职责分配访问权限。

有几种基本技术可确保网络安全，包括防火墙、反病毒和反恶意软件、访问控制、数据丢失预防和防止入侵系统。

防火墙：防火墙使用特定规则来控制流量，从而在受信任的内部网络和不受信任的外部网络之间创建障碍。防火墙既可以是硬件，也可以是软件，还可以是两者兼而有之。例如，Cisco 提供统一威胁管理（Unified Threat Management，UTM）设备和下一代防火墙以防止攻击。

反病毒和反恶意软件：恶意软件例如间谍软件和病毒。感染恶意软件的计算机不一定会立即引起问题,很可能会隐匿数天甚至数周。好的反恶意软件在恶意软件进入时就会扫描,并继续跟踪检测异常,及时将恶意软件删除。

访问控制:网络访问控制(Network Access Control,NAC)意味着操作员可以控制每个用户的访问权限和每个设备。为了防止潜在的攻击,操作员可以执行安全策略来确定每个特定用户可以访问哪些程序。所以不是每个用户都能访问整个网络。

数据丢失预防:企业需要确保员工不在公司外部传输敏感信息,因此会使用数据丢失预防(DLP)技术,防止不安全的上传和下载。

防止入侵系统:入侵防御系统(Intrusion Prevention Systems,IPS)通过扫描网络流量积极防止攻击、病毒暴发蔓延和重新感染。

5. 信息安全概述

信息安全是指保护信息系统和信息资源不受各种威胁、干扰和破坏,以确保信息安全。它意味着防止未经授权或不当访问和非法使用数据,并减少此类事件的负面影响。信息安全侧重于平衡数据的机密性、完整性和可用性,并能实施有效的策略。

6. 通信安全概述

通信安全基于信号安全等级,不涉及具体的数据信息内容。它是网络中较为重要的问题之一。因此,理解通信安全需要对网络安全和信息安全有更深的理解。

通信安全通常面临两类攻击:被动攻击和主动攻击。被动攻击试图从系统中学习或使用信息,但不影响资源。主动攻击试图改变资源或影响信息系统的运行。两种类型的被动攻击是窃听和流量分析。窃听是指通过观察信息资源的传输情况来了解信息资源的内容,使用加密可以很容易地防止。流量分析是观察信息的模式,例如它的频率和消息的长度,以获得有关通信性质的有用信息。被动攻击很难被发现,但加密信息通常足以成功阻止被动攻击。主动攻击的例子有伪装、中断、篡改、重放攻击、拒绝服务。伪装是指一个实体冒充另一个实体以获取特权或信息的情况。中断是指故意中断、扰乱他人在网络上的通信。篡改是指故意篡改通过网络传输的消息(如修改、删除或插入数据)。重放攻击包括捕获消息并重新传输消息以产生未经授权的效果。拒绝服务是一种发送虚假消息以压倒服务器并阻止合法用户正常使用通信系统的攻击。

综上所述,通信安全的目标包括五个方面:防止消息泄漏、防止通信量分析、检测变化的消息流、检测被拒绝的消息服务、检测伪造的初始化连接。

7. 保障通信安全的途径

对付被动攻击的一种有效方法是加密。加密是指对原始数据进行加密转换的过程。任何形式的数据都可以加密,包括视频、文档、图像等。加密方案一般分为对称加密(Symmetric Encryption)和非对称加密(Asymmetric Encryption)。与对称加密相比,非对称加密方案分别使用不同的密钥进行加密和解密。换句话说,非对称加密是使用公钥加密数据,使用私钥解密数据。

另一个有效的方法是建立防火墙,系统是由软件和硬件组成的。防火墙是一种专门编程的路由器,用于实现两个网络之间的访问控制策略。访问控制策略由使用防火墙的组织开发,以贴合组织的需要。防火墙系统可分为基于主机的系统和基于网络的系统。前者的防火墙直接部署在主机上,通过控制流量和资源建立屏障。由于后者可以是局域网(LAN)或广域网(WAN)中的任何地方,因此它可以是运行在通用硬件上的软件设备,也可以是运行在专用硬件上的硬件设备或虚拟主机上的虚拟设备。

X.800 将安全服务分为五类：

(1)身份验证(Authentication)服务涉及确保通信是真实的。这可以从两个方面得到保证:数据来自它声称的来源(数据认证),用户就是他/她声称的人(用户认证)。

(2)访问控制(Access Control)服务可以根据用户的权限限制其访问。前提条件是,用户必须先通过身份验证才能使用系统,然后才能为个人定制访问权限。

(3)保密性(Confidentiality)是指保护信息资源不被未经授权的用户或外部人员获知。保密性的另一个更接近隐私的方面是保护数据不被未经授权的用户或外部人员分析。

(4)数据完整性(Data Integrity)是一种确保可以检测到对数据的任何修改的服务。当面向连接的协议(如 TCP)与完整性服务集成时,它可以确保接收到的消息没有重复、插入、修改、重新排序或重放。另一方面,像 UDP 这样的无连接协议只能防止消息被修改。

(5)不可否认性(Nonrepudiation)防止用户拒绝被传送的消息。当消息被发送时,接收者总是可以证明发送者确实发送了消息,反之亦然。

值得一提的是,网络安全服务还包括提供可用性服务(Availability Service)。这与被称为拒绝服务的主动攻击有关。可用性是一个系统或其资源可以继续供其合法(或授权)用户访问的属性。

9.2　Web 安全

 学习目标

了解什么是 Web 安全以及为什么它是必要的。

了解实现 Web 安全的几种技术。

 主要内容

要　点

● Web 安全包括网站和 Web 应用程序安全问题、源代码、访问者访问和安全软件。

● Web 安全不足会影响商业信誉并造成收入损失。

● 安全命名、SSL 和移动代码安全(Mobile Code Security)是保证 Web 安全的最常用技术。

重点名词

● Web 安全(Web Security):防止网站被入侵者劫持的一系列防御机制,如入侵服务器、篡改网站或 Web 应用程序等。

● 安全命名(Secure Naming):其基本思想是将服务的名称/DNS 名称与服务运行的标识分离。

● 安全套接字协议(Secure Sockets Layer,SSL):SSL 有助于确保互联网上数据传输的安全。它使用数据加密来确保数据在网络上传输时不会被截获或窃听。

1. Web 安全概述

Web 安全是指防止网站或 Web 应用程序被入侵者劫持的一系列防御工作。由于企业网络漏洞会造成巨大损失,确保企业 Web 安全至关重要。

Web 安全问题(Web Security Issues):由于网站或 Web 应用程序经常需要处理用户的私人数据,如社交安全号码、身份号码和联系信息,因此可能会出现数据盗窃和泄漏等安全问题。

源代码(Source Code):糟糕的源代码更容易造成安全隐患。一般来说,网站的管理越复杂,或者网站的动态性越强,就越容易受到攻击。

访问者访问(Visitor Access):网站的某些部分可能需要访问权限才能正常运行。同时,识别真正授权的访问者更加困难,因此如何限制未经授权、恶意的访问者的访问可能是一个挑战。

安全软件(Security Software):网络安全软件通过提供安全管理服务来保护网站,通常是安全即服务(Security-as-a-Service,SaaS)模式。

2. Web 安全威胁

一个被黑客攻击的网站可能导致名誉和信誉的损失。此外,客户数据泄露可能会带来诉讼和罚款。

大多数黑客攻击的目标都是客户的数据。其目的通常是在支付一定数额的赎金之前将数据货币化或拒绝公司访问其客户的数据(通常是勒索软件攻击)。拒绝服务攻击会使许多网站瘫痪。在这种类型的攻击中,黑客会向站点发送大量流量,使其无法响应合法的查询。通常,攻击是由黑客通过拒绝服务(DDoS)攻击侵入许多计算机发起的。这些攻击非常常见,它们可能会使被攻击的网站蒙受数千美元的商业损失。

据 Google 称,2018 年,其向注册网站所有者发送了 4 500 多万条安全警报,同时向网站管理员发送了近 600 万条关于非法人工操作的信息。在防火墙提供商 Sukuri 的一份报告中,其在 2019 年拦截了 1 700 多万起攻击,比一年前增长了近 52%。

被黑客入侵的网站或服务器对公司的声誉和收入都是有害的。例如,许多组织的主页遭到攻击,被 Cookie Choice 的新主页取代。被攻击的网站包括雅虎(Yahoo)、美国陆军(US Army)、中情局(CIA)、美国宇航局(NASA)和纽约时报(New York Times)。在大多数情况下,Cookies 只是一些有趣的文本,而这些站点在几个小时内就被修复了。

当一个网站受到攻击时,Google 和其他搜索引擎会限制对该网站的访问,从而导致企业客户的大量流失,并最终蒙受收入和信誉的损失。网站也可能被搜索引擎列入黑名单。Google 每天能"隔离"至少 10 000 个网站,用户在搜索这些网站的结果中会看到标有"这个网站可能会危害你的电脑"的提示信息。

与网站保护相比,网站的清理成本更高。攻击发生后,公司通常会花费大量精力保护自己的后门。这将导致一个事实,即一旦漏洞被利用,就需要更多的精力来填补它。

(1)垃圾邮件。我们通常会遇到垃圾邮件被发送到我们的收件箱或者偶尔在我们上网浏览时看到垃圾邮件弹出窗口的情况。然而,有时垃圾邮件可能是恶意的。电子邮件以评论的形式出现在网站上是很普遍的。自动程序可以在网站的评论部分添加一个到另一个网站的链接,试图建立一个反向链接。尽管这类评论很令人讨厌,在网站上也不好看,但它们并不总是有害的。但是,恶意软件却可能包含在网站上,并可能对网站访问者造成伤害。此外,Google 的爬虫程序通常可以检测恶意网址,并对其施加托管垃圾邮件惩罚。这会破坏网站的搜索引擎优化(Search Engine Optimisation,SEO)排名。

(2)病毒和恶意软件。Malware 是"恶意软件"的总称。每天会有多达 23 万个恶意软件样本被创建。这些类型的病毒通常用于访问私有数据或使用服务器资源。犯罪分子还会侵入并获取网站权限,通过广告或附属链接赚钱。恶意软件会使运营商和网站访问者面临风险。访问网站的人可能会意外访问带有恶意文件的链接。运营商有责任维护网站的安全并防止这种情况发生。

(3)DDoS 攻击。DDoS 攻击将阻止用户访问某些网站。黑客利用假 IP 地址使服务器过载。这将导致网站脱机。网页运营商需要尽快恢复服务器并运行它。

3. 安全命名

安全命名是 Google 等一些成熟公司使用的一种技术。它的基本思想是将服务的名称/DNS(域名系统)名称与服务运行的身份分离。一个简单的例子是服务前端(可由 DNS 服务器上的前端解析),它持有带有前端开发团队身份的证书。在 Kubernetes 中,前端开发团队身份是运行前端服务且工作负载的服务账户。

DNS 欺骗(也称为 DNS 缓存中毒)也会对计算机安全构成威胁。它将损坏的域名系统数据引入 DNS 解析程序的缓存,导致名称服务器返回不正确的结果记录,例如 IP 地址。这会使流量转移到攻击者的计算机(或任何其他计算机)。

DNS 安全扩展(DNSSEC)是一种可以对数据进行数字签名、有效地缓解这个问题的安全协议。DNS 查找期间,在每个级别进行签名有助于确保查找的安全。

4. 安全套接字协议(SSL)

SSL 是一种安全技术,用于为服务器和客户端(通常是邮件服务器和邮件客户端或网站和浏览器)之间的加密链接建立标准。

敏感信息(如银行卡号、身份证号等)也可以通过 SSL 传输。因为浏览器和网页互相发送纯文本数据很容易被窃取。

5. 移动代码安全

移动代码可能导致安全问题的本质是,当运行来自另一个甚至不可信的主机的代码时,需要访问系统资源。手机代码引发的安全问题可分为恶意代码问题和恶意主机问题。

Java 的一个更重要的特性是允许不受信任的代码在受限环境中运行,从而防止代码执行恶意操作。

ActiveX 是由微软创建的,作为其旧组件对象模型(COM)和对象链接与嵌入(OLE)技术的框架,用于从 Web 上下载内容,但现在已经不存在了。而 JavaScript 由于没有正式的安全模型,每个供应商处理安全性的方式又都不一样,其实现从长期来看易受攻击。

除了通过代码扩展网页外,浏览器扩展、插件和插件市场也在蓬勃发展。这些是扩展 Web 浏览器功能的计算机程序。插件通常能够解释或显示特定类型的内容,如 PDF 或 Flash 动画。扩展和附加组件提供了新的浏览器功能,如更好的密码管理或与页面交互的方式,如标记页面或允许轻松购买相关项目。

开放式 Web 应用程序安全项目(Open Web Application Security Project,OWASP)确

定了十大 Web 漏洞。① 这些漏洞包括插入、损坏的身份验证、敏感数据暴露、XML 外部实体、损坏的访问控制、安全错误配置、跨站脚本、不安全的反序列化、使用具有已知漏洞的组件以及日志记录和监视不足。OWASP 标准通常被 Web 开发人员用作指导方针,以确保 Web 应用程序的安全。保护网站或 Web 应用程序免受攻击的基本步骤包括使用最新、开源和可靠的安全配置、算法和修补程序,设置适当的身份验证和访问控制方案,以及结合安全的软件开发实践。

 参考文献/拓展阅读

[1]Breiman L(2001),Statistical modeling:The two cultures,*Statistical Science*,16(3),199−231.

[2]Donoho D(2017),50 Years of Data Science,*Journal of Computational and Graphical Statistics*,26:4,745−766,DOI:10. 1080/10618600. 2017. 1384734.

[3]Press G(2013),A Very Short History of Data Science,Forbes,retrieved from https://www. forbes. com/sites/gilpress/2013/05/28/a-very-short-history-of-data-science/#7eace5f355cf.

[4]Tukey J W(1962),The Future of Data Analysis,*The annals of mathematical statistics*,33(1),1−67.

[5]Kalman G(2014),10 Most Common Web Security Vulnerabilities,Total Engineering Blog,retrieved from https://www. toptal. com/security/10-most-common-web-security-vulnerabilities.

练习题

习题一

下列非网站安全重要的原因的是(　　　)。

A. 黑客网站的目标是客户

B. 网站安全维护的成本是昂贵的

C. 被黑客入侵的网站数量迅速增加

习题二

关于黑名单网站,下列正确的是(　　　)。

A. 当看到黑名单网站的警告时,消费者会感到恐慌

B. 企业可以与搜索引擎协商从网站上删除

C. 当其网站被列入黑名单时,业务收入可能会受到影响

习题三

下列问题与网络安全目标有关的是(　　　)。

A. 防止信息泄露　　　　　B. 拦截和中断　　　　　C. 增加业务收入

习题四

下以对防火墙的描述最准确的是(　　　)。

A. 防火墙是由软件组成的系统

---

① OWASP Top Ten Web Application Security Risks|OWASP(2017),OWASP,accessed from https://owasp. org/www-project-top-ten/.

B. 基于主机的防火墙可以放置在局域网或广域网中的任何位置

C. 防火墙分为基于网络或基于主机的系统

参考答案

问题一

答案：选项 B 是正确的。

网站安全维护的成本是昂贵的。

问题二

答案：选项 C 是正确的。

对于选项 A，消费者会对这一警告表示感谢，但网站企业主可能会感到恐慌。对于选项 B，搜索引擎（如谷歌）会根据其分析和算法检测可疑网站，这是无法协商的。

问题三

答案：选项 A 是正确的。

对于选项 B，拦截和中断是对网络安全的威胁。选项 C 与这个问题无关。

问题四

答案：选项 C 是正确的。

对于选项 A，防火墙是一个由软件和硬件组成的系统。对于选项 B，基于网络，而不是基于主机，防火墙可以放置在 LAN 或 WAN 中的任何位置。